第一次
手作皮革
就上手

采芊文創
著

CONTENTS ｜目次

A 認識
皮革

01
什麼是皮革？

　　人類追捕野生動物，把腐肉從屍體去除之後，會將動物的表皮做成帳篷、衣服和鞋子。而使用皮革最早的紀錄可追溯至舊石器時期，例如在西班牙萊里達（Lleida）附近的洞穴中發現牆上繪有皮革服裝，而其他舊石器時代遺址也有刮皮工具，其中包含去除毛髮的帶骨工具等都陸續出土。

　　從埃及墓室中的壁畫及文物也可看出，當時的皮革用於涼鞋、衣服、手套、水桶、瓶子等，不僅用於埋葬死者，也用於製作軍事設備。同時期的古希臘和羅馬人也廣泛使用皮革於鞋類、衣服和軍事，包括盾牌、馬鞍座和皮革做成的繩子，皮革的耐久性及歷史性，讓皮革製品成為當今人們的最愛。

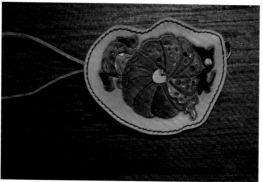

02
皮革的組成及部位

　　皮革的組成分為三部分：一是毛髮、二是表皮、三是內層皮（一般稱為「二層皮」，不像表皮有紋路，但有纖維，沒有張力跟彈性）。

　　若使用動物的不同部位，做成的皮革則有不同特性，選做皮革製品時必須考慮這一點，因此以下將介紹兩種最常見的皮革部位。

頭頸部： 動物的肩膀厚實而堅固，但因為這部分的毛皮受到頭部運動的影響，容易產生皺摺。

肚皮： 這部分的皮很薄，纖維結構比背部更鬆散，受外力重壓時可輕易攤平、塑形。

　　皮革的來源也很多元，舉凡動物、爬蟲類的皮都可以鞣製使用。牛皮、羊皮、鴕鳥皮、鱷魚皮、豬皮、鹿皮、蛇皮等，都可以使用在用品及飾品上面。

貼金箔的羊皮

鹿皮

03
皮革的種類

　　因為死去的皮膚會迅速腐爛變得無用，所以需要一種保存方法，最早的方法是將動物的皮膚拉平乾燥，並在乾燥時用油脂、動物的大腦跟脂肪摩擦皮革，以防止皮革因為低溫而僵硬，進而達到保存和軟化皮革的作用。

　　除此之外，人們也陸續發展出其他防腐方式，像是發現燃燒木材的煙霧可以有效保存死去的動物皮膚，以及透過在陽光下曝曬，即慢慢地脫水曬乾來防止腐爛等。最終發現，加入含有單寧的樹枝、樹葉和果實（尤其是橡樹）來處理皮革，是最有效能讓動物皮膚變得可用的方法之一。

　　一開始，人們發現動物被宰殺後，毛皮因為泡到地上的血水，而容易腐爛；但在將卸下的毛皮改放到枯葉上後，竟發現死去的動物皮膚不但沒有腐爛，反而可以使用在武器、帳棚及穿著上。這樣的發明沿用至今，也就是現代植鞣的起源，以下將依據不同的鞣製方式，介紹現今最常見的兩種皮革種類。

將皮革浸泡在染劑中進行
人工鞣製。（圖片出處：
FLICKR）

工人在浸泡槽裡。
（圖片出處：FLICKR）

鞣製皮革。
（圖片出處：FLICKR）

植鞣皮與鉻鞣皮

皮革是由生皮革加工製成可以永久保存的東西，而在皮革類裡面最常見到的鞣製方式有兩種：植鞣與鉻鞣。因此也常用這兩種處理方式，將皮革分為植鞣皮與鉻鞣皮。

植鞣皮，因鞣劑是取自天然植物，所以稱之為「植鞣皮」，也有人稱之為「樹膏皮」，很適合用來製成貼身的皮件物品。植鞣皮在使用時會隨著時間的變化從原色變成較深的焦糖色，這個過程也稱養色或舊化。原色植鞣皮的表面大多沒有多用塗料且具可塑性，皮面很容易吸收顏料、敲打及雕刻，所以在皮革工藝裡很常拿來使用。

鉻鞣皮，以鉻粉作為鞣劑所以稱之為「鉻鞣皮」。其皮性輕盈、柔軟富彈性，可以染出比植鞣皮還要鮮豔的顏色，在製作過程中也可以加工處理（如：壓紋），加強其耐水、耐髒、耐刮等特性，所以各大流行品牌很常拿來使用。

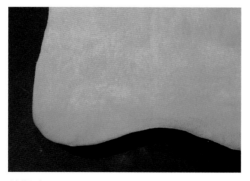

植鞣皮

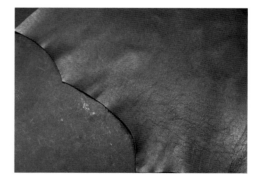

鉻柔皮

如何分辨合成皮？

　　坊間有太多偽裝真皮的合成皮，那要如何分辨真偽呢？有四個簡單的步驟：

1. 「**看**」：若是真皮，皮革正面多少一定會有自然的紋路，還有不規則的毛細孔；背面則是動物纖維，會局部呈現不規則方向。
2. 「**摸**」：用手微微施一點力壓下去，真皮摸起來是有彈性的，不會像合成皮壓下去時呈現死板狀。
3. 「**聞**」：真皮會有皮革獨有的皮革味，合成皮很明顯地會有濃烈的化學味。
4. 「**燒**」：若情況允許，不妨燒燒看。燒過的真皮過一下子再聞，會有類似烤肉的燒焦味，合成皮則是在燒的過程中，馬上就會有刺鼻的化學味出現。

　　如果能掌握看、摸、聞、燒這四個步驟，就能準確分辨出皮革真假，降低購買到「打著真皮、賣著假皮」的商品的風險。

真皮

合成皮

B
常用工具

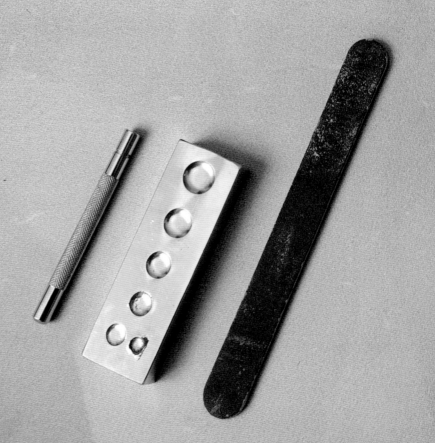

菱形嶄

菱形嶄的寬度通常分為 1.5 mm ～ 3 mm 不等,可以依照個人喜好的寬度挑選。打嶄時應該垂直敲打,且在上一嶄的最後一洞接續著打。

敲打墊與透明墊

5 mm 厚度的敲打墊、透明墊或塑膠墊,是用來保護菱形嶄與桌子,作為中間的緩衝。

直角尺

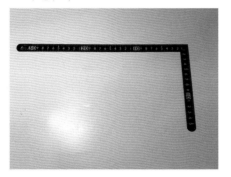

直角尺是畫版型或是切割時的好
幫手，用來精準地測量距離。

菱形單崭

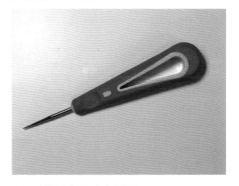

菱形單斬用來補洞。

導角器

皮革在磨邊後，有時會有一點皮會被壓出兩側，這時候就需要用導角
器把它推掉。

挖溝器

 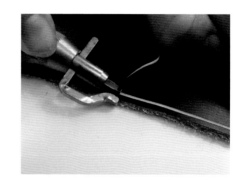

挖溝器也是畫線器的一種，能把皮革挖出一條溝，方便在打洞與縫製時
維持在一直線上。縫製的時候，線會陷入溝裡。

CMC

CMC 的中文是「背後處理劑」，
或稱「床面處理劑」，用來撫平
皮革背面，並做防霉處理。因為
是粉末狀，需要泡開（比例是 3g
配 200 c.c. 的水），靜置一個晚上
再使用。

塑膠刮板

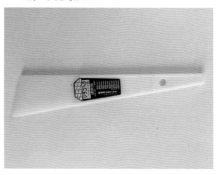

塑膠刮板用來沾 CMC。

玻璃板

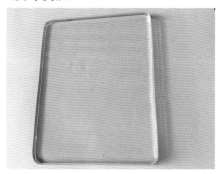

玻璃板用來刮平 CMC，使其均勻分布在皮革表面。

木頭夾具

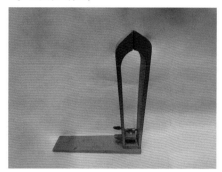

當東西太大不好拿時，會用夾具來輔助。

強力膠

有時候會需要強力膠的輔助，把皮革黏起來。可選用圖片中的天然環保皮革強力膠，或一般所看到的傳統黃色包裝的強力膠。

木頭磨邊棒

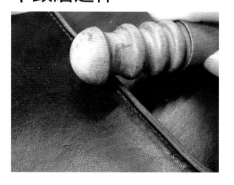

木頭磨邊棒負責用來收毛邊。使用時，在要收邊的皮革處沾 CMC，再用木頭磨邊棒磨平。

木槌

木槌用來搥打用。

削薄刀

當皮革太厚時,用削薄刀來削薄皮
革。

畫線器

用畫線器沿著皮革邊緣畫線,以方便打洞時能維持一直線。

砂紙棒

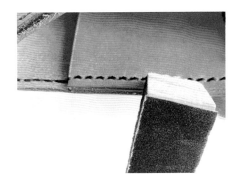

砂紙棒是在處理多層皮革縫起來有高低差時使用，磨的時候須方向一致。

裁皮刀

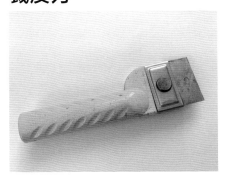

裁切皮革專用的刀。

線剪

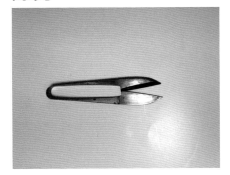

剪線專用的剪刀。

C
基礎工法

01 縫製前的皮革處理

正面定色

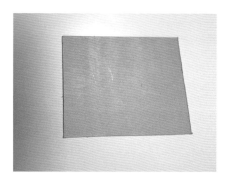

01　若是使用原色植鞣皮革，正面必須先塗上定色劑，以免製作時髒污。

02　倒一點定色劑在化妝棉上，輕輕地擦一層在皮革表面即可。

背面處理

01　為免日後發霉及掉毛屑，皮革背面須用 CMC 處理。

02　沾一點 CMC 塗在皮革背面，並拿玻璃刮板順著細毛刮平即可。

02 畫線

　　背面處理完後開始畫線打洞。畫線寬度＝皮革厚度＋ 1 mm，例如：
現在使用的是兩層 1 mm 的皮革，則畫線寬度為 3 mm。

用畫線器靠著皮革邊緣壓線。

03 打洞

01 多嶄菱形嶄適合打直線，兩嶄則用來打圓形的部分。

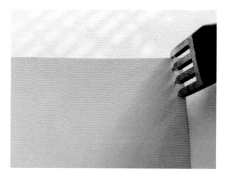

02 打洞的時候第一嶄要在外面，這樣才不會打得太邊緣把皮革打破。

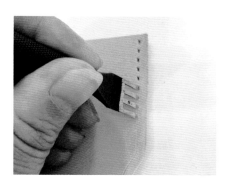

03 接續打的時候，第一嶄要打在已打過的最後一個洞裡，接著打。

04 遇到轉彎處要換 2 嶄菱形嶄打，才能每次只打一個洞。

04 量縫線長度

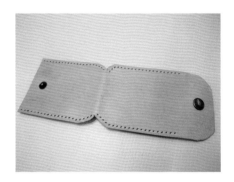

<u>01</u>　取打好洞的皮革，攤平。

<u>02</u>　縫線所需長度為作品長度的 4 倍，包含預留回手（以免線不夠長而沒辦法戳到下一個洞）及收針所需的長度。若是作品要縫的長度短於 10 cm，則要變成 6 倍。

05 穿針

01　線穿入針孔。

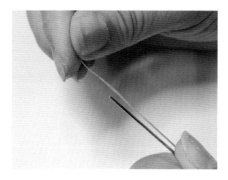

02　把其中一線拉往針尖,此線要留兩根針的長度,方便下一個步驟使用。

03　將針戳進短線中間。

04　反覆來回戳三次。

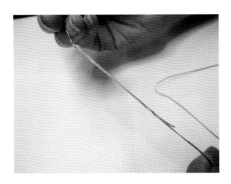

05 把來回戳線的地方往後推到底。

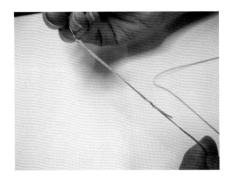

06 將針和長線往反方向拉，短線就會往針孔移動並收緊成結。

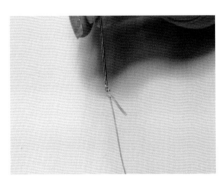

07 如此一來就不會有厚厚的結，在縫的時候才不會卡住皮革的洞。而縫製皮革需要兩根針來回縫，因此一條線必須兩頭都穿針。

06 起針

01　取其中一根針穿過兩片皮革，由正面入、反面出。

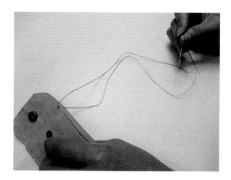

02　兩線拉一樣長（依針在皮革的正面、反面，以下稱正、反針）。

03　為穩固皮革邊緣，正針繞過側邊，由皮革反面的同一個洞下第一針。

04　針穿回皮革正面。

05 正針由隔壁洞下第二針。

06 將縫下去的第二針往縫線洞的菱形角落拉緊，此時兩針都會在皮革反面。

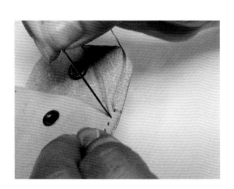

07 換取反針，由第二針的洞穿出正面。

08 正反針持續此交叉縫法至收針。

07 收針

01　留 3 個洞準備收針。

02　下正針並留一個線圈。

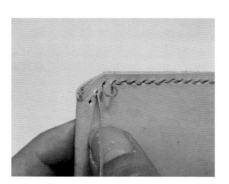

03　正針在反面後，繼續從下
　　一個洞穿回正面。

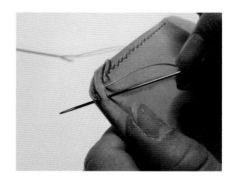

04　正針 S 形一次縫完 3 個
　　洞。

05 此時正針由皮革反面穿出，留下線圈。

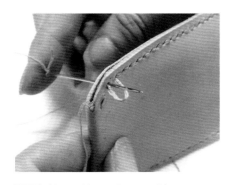

06 換反針，往正面縫。

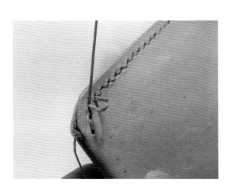

07 反針由正面穿出的樣子。

08 用針尖沾一點白膠，塗在線與線的中間。

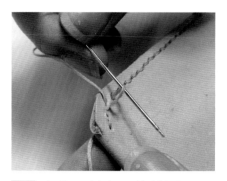

09 穿入正針留下的線圈。

10 兩針往相反方向拉緊。

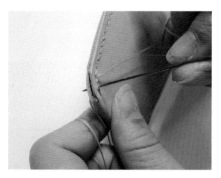

11 拉緊後，反針繼續縫。

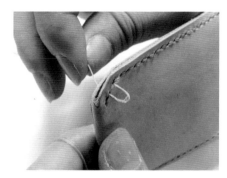

12 一樣留一個線圈。

13 正針往回縫。

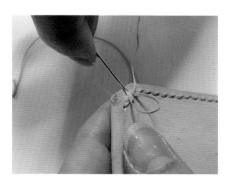

14 正針穿回正面後拉緊，針
尖沾白膠塗在線與線的中
間。

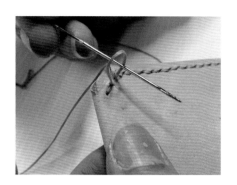

15 穿入反針留下的線圈。

16 兩針往相反方向拉緊。

17 把線剪到最底，並在線頭加白膠，把線頭戳到皮革裡面藏好，即收針完成。

08 磨邊及上邊緣油

`01` 取磨砂紙磨平皮革邊緣。

`02` 將兩片皮革磨成一家人的感覺。

`03` 再用 CMC 沾在邊緣，拿木頭磨邊棒磨合，使邊緣光滑、平順。

`04` 拿牙籤或竹籤棒沾邊緣油，塗在磨好的皮革上。

09 四合釦打法

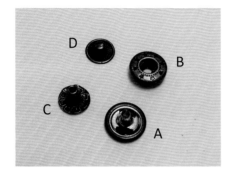

四片合在一起，俗稱四合釦。兩個大的為一對（右下A、右上B），兩個小的為一對（左下C、左上D），兩對為一組。

 小叮嚀

四合釦有各種大小，所以在打嶄時要注意，一定要用大小相對應的凹凸嶄。

01 把要打四合釦的地方先用圓嶄打一個小洞，把A放在皮革正面。

02 皮革翻到背面，把B套上去。

03 皮革被A、B夾在中間。

04 打凹凸嶄的時候，要把A墊在大小相對應的打釦台上。

05 取凸嶄對準 B 的中心。

06 用木槌垂直敲打凸嶄（注意嶄要直，才不會打歪）。

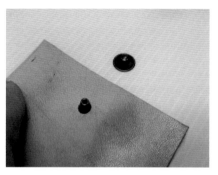

07 換另一邊，取 C 由皮革背面卡入皮革。

08 把 D 套上去後，將 C 放在大小相對應的打釦台上，並使用凹嶄（凹嶄放上 D 時可以剛好把 D 給包覆住）對準 D 的中心。

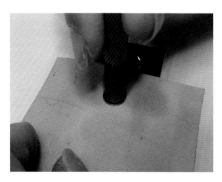

09 用木槌垂直敲打凹嶄（注意嶄要直，才不會打歪）。

10 鉚釘打法

01 鉚釘一長一短為一組。

02 在要打鉚釘的地方打洞後，先把長的套進洞裡。

03 再把短的套上去。

04 把長鉚釘放在對應大小的打釦台上，並取凹槽圓嶄，對準短鉚釘的中心。

05 用木槌垂直敲打凹槽圓嶄（注意嶄要直，才不會打歪）。

11 和尚釦打法

01　和尚釦有兩個配件，圖中
左邊的要放在上面，右邊
為和尚釦的螺絲。

02　在要打和尚釦的地方做記
號。

03　螺絲端由皮革背面卡入洞
中。

04　將和尚釦的螺絲鎖上。

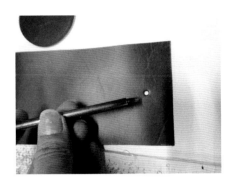

05 在另一端對應的地方，用
比和尚釦圓頭還要小的圓
嶄打洞，作為扣合處。

06 打完洞用一字嶄在洞中間
打上一字孔。

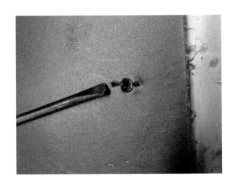

07 打出一字孔後就會變得方
便好扣。

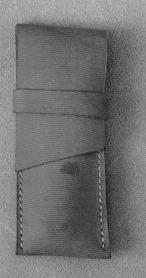

D
物
作
小
製

1950 | Minestyle

01

圓柱

1-1
錢滾錢零錢包：外縫

圓形的東西總是討人喜愛，而圓筒造型的零錢包更是有收納空間大的優點，

本書會教大家兩種縫法，分別呈現不同的感覺。

此外，還可以依個人喜好放大隨書附贈版型，

只要依照比例放大就可以變成隨身包包喔！

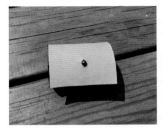

簡單的縫製加上銅製和尚釦五金，瞬間提升了質感。

側邊完美的圓形弧度，容易一手掌握。

重點是裡面可以放下很多零錢。

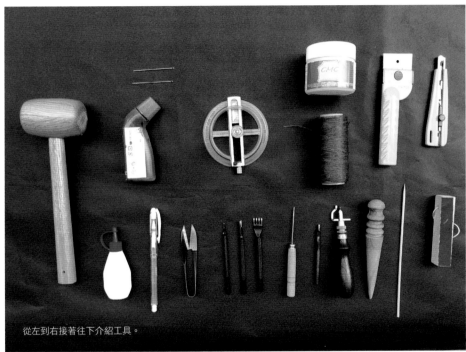

從左到右接著往下介紹工具。

所需工具

❶ 木槌
❷ 兩根手縫針（只要線穿得過去的大頭縫針即可）
❸ 邊緣油
❹ 圓形切割器
❺ CMC（學名：羧甲基纖維素，又稱為背後處理劑）
❻ 1 mm 扁蠟線
❼ 裁皮刀
❽ 45 度美工刀
❾ 白膠
❿ 牛奶筆
⓫ 線剪（或剪刀）
⓬ 1 嶄菱形嶄
⓭ 2 嶄菱形嶄
⓮ 4 嶄菱形嶄
⓯ 尖形木棒（章魚燒棒）
⓰ 3 mm 圓嶄
⓱ 畫線器
⓲ 木頭磨邊棒
⓳ 木頭尖插
⓴ 砂紙棒

小叮嚀

史上最好用的圓形切割器，還有刻度可以參考喔！

所需五金

❶ 5 mm 和尚釦

開始製作 1：準備圓形皮革

01 只需要這三片皮革就可以完成隨身發財小包。

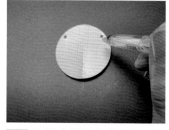

04 取隨書附贈的版型打洞標示，將要打洞的地方做出記號。

07 從壓線地方開始打洞。

02 將圓形切割器調整到直徑 6 cm 的位置，鎖緊後，一手壓住上方固定圓形切割器位置，一手扶住圓形切割器邊緣開始切出錢包的兩側皮革。

05 用筆點出兩個記號。

小叮嚀

只有用 2 斬菱形斬才可以打得出圓形喔！

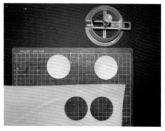

03 圓形切割器切出完美比例的直徑 6 cm 皮革兩片。

06 取畫線器調整到 3 mm 寬度，壓出要打洞的依據線（從剛才做記號的地方開始壓線）。

開始製作 2：準備長方形皮革

01 依照版型裁出一樣大小的皮革（用美術社賣的牛奶筆畫在皮革上）。

03 將要打和尚釦的地方做記號。

06 裁好的長方形皮革用畫線器靠著側邊畫出 3 mm 距離的線。

02 拿裁皮刀從最高處順著剛才畫的線切開來。（不要用尺，因為尺若是沒有壓緊的話會導致皮革切歪，切歪就沒救了喔！）

04 取 3 mm 圓嶄打一個洞，再把和尚釦鎖上去。

07 先取 2 嶄菱形嶄開始打洞（一嶄要先露在外面，以定出在皮革上的第一個縫線洞）。

小叮嚀

牛奶筆有滑潤的筆頭，是畫皮革首選！

05 鎖起來囉！

小叮嚀

如何自己計算要做的皮革大小？

假設想要有 6 cm 直徑的圓，那皮包的身體（長方形皮革長度）就要是（6 cm × 圓周率 3.1416）× 1.2，而寬度隨意。只要會這個算式，想要自己設定圓形皮包的大小，一點也不難喔！

開始製作 2：準備長方形皮革

08　接下來取 4 嶄菱形嶄沿線把洞打完，長方形皮革側邊的洞數要跟圓形皮革的洞數一樣喔！

11　從靠近自己身體的那一面再下第二針。

14　雙手拉緊線。

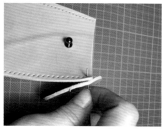

09　將兩根手縫針各穿過扁蠟線並綁線，使針固定在線的兩端。皮革背對背開始下第一針。

12　將第二針往左上角拉，並把線拉緊。

15　接下來用一樣的方法縫到剩下 3 個洞（留下 3 個洞要收針）。另一邊也是相同縫法喔！

10　把線拉到一樣長。

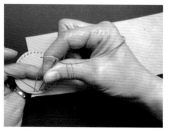

13　將第一針穿入第二個洞。

開始製作 3：收針

01 剩下 3 個洞的樣子。

04 縫完 3 個洞，但保留 1 個線圈的樣子。

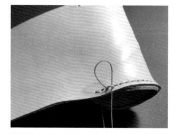

07 針穿過線圈的樣子。

02 由包體外下針但不把線拉死，留下 1 個線圈。

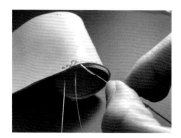

05 在倒數第 4 個洞的針往上穿出包體外，並在線圈旁加上白膠。

08 雙手把線都拉緊，這一邊就收好針了。

03 同一根針，S 形一次縫完 3 個洞（第一個線圈仍要留下）。

06 上完白膠後，針穿過線圈。

開始製作 3：收針

09 收好針的樣子。

12 在線圈與剛往回穿的線中間加上一點白膠。

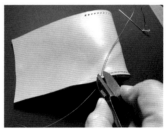

15 最後把線剪掉就收針完成了。

10 換另一邊收針，包體上的針往下穿，留 1 個線圈。

13 針從線圈中穿過。

11 另一根針往回一個洞往上穿。

14 兩線一起拉緊。

開始製作 4：磨邊收邊

01 取砂紙將縫合的邊緣磨成一體。

03 輕柔地來回磨平。

04 將縫合處磨合後，上邊緣油。

02 拿木頭磨邊棒沾 CMC（背後處理劑）將皮革邊緣磨成圓潤的形狀。

05 完成。

1-2
錢滾錢手拿包：內縫

內縫法的皮包看不到縫線，因此在一樣的版型下，

用內縫法縫製給人的感覺會截然不同，有如新的包款。

這次將皮包兩側的圓形直徑調整成 17 cm，使用軟的羊皮製作外出包

（包體長度計算方法：17 × 3.1416 × 1.2，包體寬度隨意）。

放大版的零錢包可以當成優雅
的肩背包。

裡面可以放下長夾、筆記本、化妝包，
容量大。

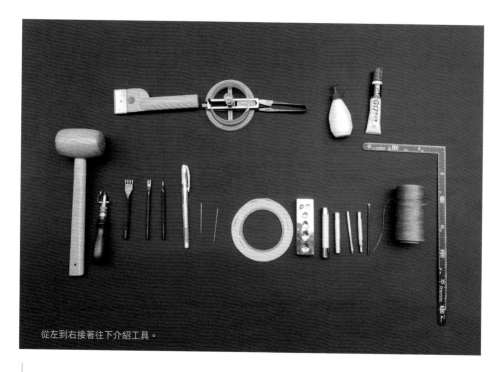

從左到右接著往下介紹工具。

所需工具

❶ 木槌

❷ 裁皮刀

❸ 圓形切割器

❹ 線剪（或剪刀）

❺ 白膠

❻ 強力膠

❼ 畫線器

❽ 4 嶄菱形嶄

❾ 2 嶄菱形嶄

❿ 1 嶄菱形嶄

⓫ 牛奶筆

⓬ 兩根手縫針（只要線
穿得過去的大頭縫針
即可）

⓭ 雙面膠

⓮ 打釦台

⓯ 凹槽圓嶄（打釦片用）

⓰ 四合釦凹嶄

⓱ 3 mm 圓嶄

⓲ 四合釦凸嶄

⓳ 一字嶄

⓴ 1 mm 扁蠟線

㉑ 直角尺

所需五金

❶ 四合釦 2 組（4 對）

❷ 正負磁鐵釦 1 組（2 對）

053

開始製作 1：準備圓形皮革

01 因為羊皮很軟，會扭曲，所以裁切羊皮的時候不要壓太緊，只要輕輕轉動圓形切割器即可。

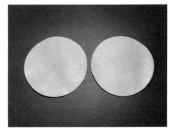

04 兩片都要。

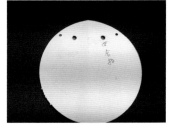

07 打完洞再把版型拿出來，打四合釦的洞。

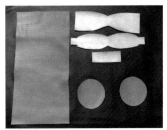

02 這次要切的皮革共有：長方形 1 片、大圓 2 片、蝴蝶結提把組 3 片。

05 用畫線器畫線，畫到開口記號就可以停了。

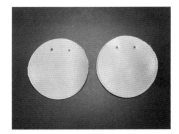

08 兩片都要打四合釦的洞。

03 記得要做包包的開口記號。

06 接下來兩片都要打洞。

小叮嚀

打四合釦需要的工具如上圖所示。從左邊開始，分別是打釦台、四合釦凸嶄、凹嶄以及一組四合釦。打釦台用來墊著四合釦，一組一凸一凹的嶄為輔助打四合釦用。四合釦的大小不是固定的喔！所以選用四合釦凸嶄、凹嶄時要注意，須使用相對應的型號。

開始製作 1：準備圓形皮革

09 這兩個是一組的，依圖中擺放位置，以下稱左釦、右釦。

12 另外這兩個是一組的，依圖中擺放位置，以下稱左釦、右釦。

15 完成了！

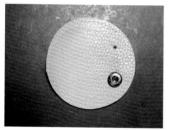

10 取一大圓皮革（正面朝上），將上圖右釦放皮革上面（卡入洞中），左釦放下面。

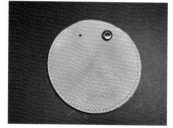

13 把上圖左釦由後往前卡入皮革，再將右釦放在左釦的正上方。

16 扣起來試試看，有一聲清脆的扣住聲音就好囉！另一片大圓皮革的作法相同。

11 取四合釦凸嶄扣住四合釦的凹槽，垂直敲打。

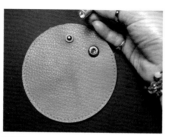

14 取四合釦凹嶄壓住四合釦的凸起，垂直敲打就完成了。

開始製作 2：縫磁鐵釦

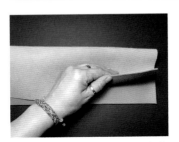

01 在長方形皮革的短邊上找一個中心點，是要縫磁鐵釦的位置。

03 取 3 mm 圓嶄在記號處打一個洞，將磁鐵釦凸片從皮革背面往前嵌入洞內。

05 裁一片 3 cm 大小的小圓皮革，準備貼在釦片外，比較美觀。

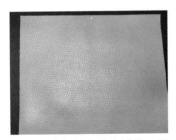

02 用牛奶筆在中心點做一個記號。

04 再把釦片置於凸片的正上方，取剛好能包覆釦片大小的凹槽圓嶄，蓋在釦片上垂直敲打，讓磁鐵釦與皮革緊扣。

小叮嚀

無毒無味的強力膠，又要用到了！

小叮嚀

磁鐵釦的中間為一凸一凹，如上圖所示，左側的為凹，右側的為凸。通常都把凸的那片當成上片（背面需打上釦片），凹的則為下片（背面有兩支鐵片）。

而本章節所使用的磁鐵釦（左圖），在凸片背面另有一「釦片」，是需要用凹槽圓嶄打合的。一般市售最常見的會是右圖這種，磁鐵釦凹凸片上都有兩支鐵片，這種只需要在安裝處割、打出一道縫隙，就可以插入磁鐵釦，反折兩支鐵片後即安裝完成。

開始製作 2：縫磁鐵釦

06 用強力膠把小圓皮革貼在
釦片上。

09 靠近釦片的地方再打洞，
這樣會更牢固。

07 取畫線器沿著小圓皮革周
圍畫線，線距 5 mm。

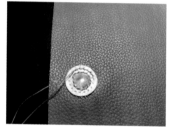

10 兩圈都要縫。

08 用 2 嶄菱形嶄打洞才能打
成圓形。

11 磁鐵釦凸片縫完後，在皮
包外蓋上的樣子。

開始製作 3：皮包本體縫製

01 長方形皮革的兩側都要打洞。

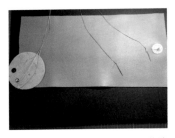

04 線要拉到一樣長，再繼續往下縫。

07 將第一針由下第二針的同一個縫線洞穿出。兩針重複此交叉縫法，縫完整圈。（收線步驟請參考「外縫法篇」。）

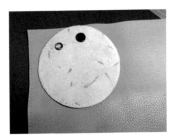

02 將大圓皮革和長方形皮革正面貼正面，準備縫起來。

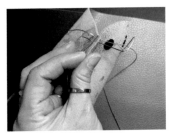

05 從靠近自己身體的那一面再下第二針。

08 縫完一邊了，另一邊也是一樣縫法。

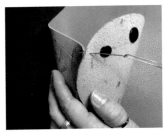

03 兩根手縫針穿過扁蠟線的兩端並綁線。接下來要用反縫的方式（也就是從皮包背面開始縫），可隨意選一端下第一針。

06 此時兩針應該在同一面，並把線拉緊。

09 縫好後翻過來的樣子。

開始製作 3：皮包本體縫製

10 因為羊皮很軟，所以翻過來非常容易，觸感也很好。

如何找另一邊磁鐵釦的位置？可以直接把另一個磁鐵釦扣上去，再直接往下蓋到要的位置，用力一壓或是做個小記號，代表另一端安裝磁鐵釦的位置，這樣的小方法可以避免之後發生對不上的問題。

13 把磁鐵釦扣起來的樣子。

11 包身上還要安裝另外一片磁鐵釦。先把包身對折做一個記號，再用一字嶄打兩條直線洞，準備安裝磁鐵釦凹片。

12 用上述小技巧找到合適的位置後，用一字嶄打出兩條直線洞，再插入凹片、反折兩支鐵片，包身上的磁鐵釦即安裝完成。

開始製作 4：提把（如果想要手提可以再增加提把。）

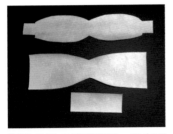

01 依隨書附贈版型，裁出蝴蝶結提把皮革共 3 片。

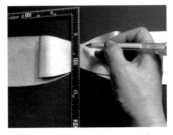

04 兩片都貼好後，取直角尺對準中心畫線、準備打洞。

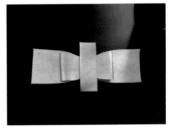

07 最後，取短的長方形套在中間。

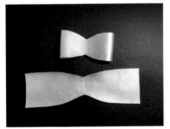

02 取其中像眼罩形狀的皮革，將兩個邊對折，並用雙面膠固定形狀。

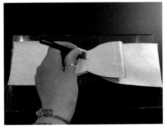

05 在畫好線的地方打洞。

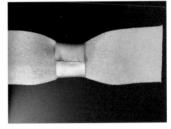

08 在長方形的兩個短邊（各距離 3 mm 處）畫線打洞。套入蝴蝶結後縫起來固定，但為了美觀，針可別穿過蝴蝶結喔！

03 貼好後，對準另一片皮革的中心黏起來。

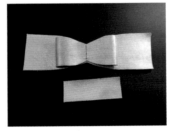

06 把剛才打洞的地方縫起來！

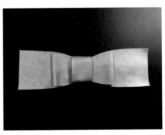

09 蝴蝶結提把做好了。

開始製作 4：提把（如果想要手提可以再增加提把。）

10 3 mm 的雙面膠用來暫時固定皮革，是很好用的常備工具。

12 把提把縫到包體上。兩側都縫好了。

13 可以裝下隨身物品的變化版錢滾錢手拿包。

11 將雙面膠貼在提把邊緣，並貼在包包正面想加提把的地方（建議做在長方形皮革開始延伸成包蓋處，可以用雙面膠貼著試試看位置）。將畫線器調到 3 mm 寬度，畫線打洞、縫起來。

14 東西少的時候還可以把側邊扣起來，看起來更輕盈些。

02

球體

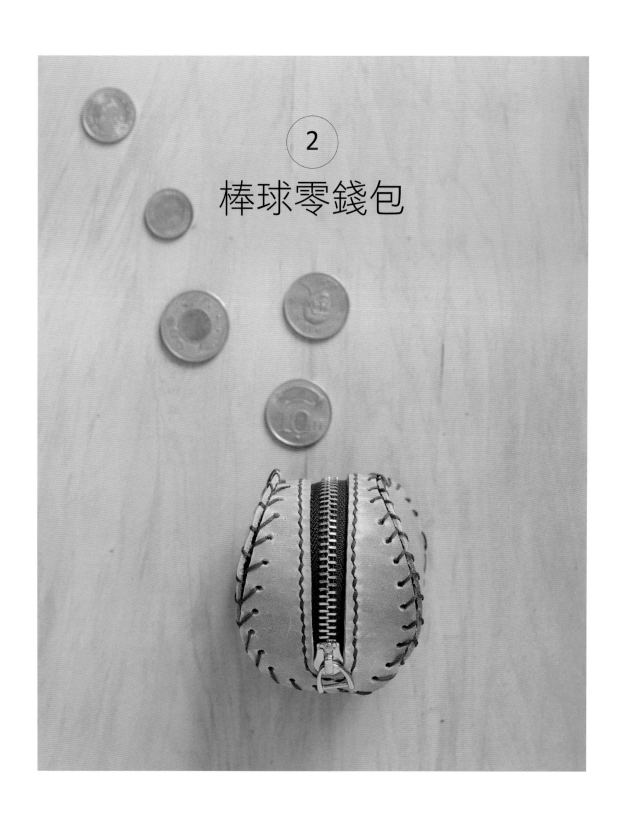

② 棒球零錢包

棒球迷不能錯過的棒球零錢包，
圓形大空間，可以放下很多很多的零錢。

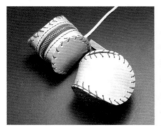

仿真的棒球造型。

只要縫上拉鍊，不需多餘的五金就可以完成。

用 V 形縫法呈現如棒球般的零錢包。

從左到右接著往下介紹工具。

所需工具

- ❶ 直角尺
- ❷ 木槌
- ❸ 兩根手縫針（只要線穿得過去的大頭縫針即可）
- ❹ 網球
- ❺ 3 mm 雙面膠
- ❻ 木頭磨邊棒
- ❼ 1 mm 扁蠟線
- ❽ 裁皮刀
- ❾ 30 度美工刀
- ❿ 牛奶筆
- ⓫ 無痕塑膠夾
- ⓬ 線剪（或剪刀）
- ⓭ 1 嶄菱形嶄
- ⓮ 2 嶄菱形嶄
- ⓯ 4 嶄菱形嶄
- ⓰ 10 mm 圓嶄
- ⓱ 2 mm 圓嶄
- ⓲ 畫線器
- ⓳ 尖形木棒（章魚燒棒）
- ⓴ 砂紙棒
- ㉑ CMC
- ㉒ 白膠

所需五金

- ❶ 15 cm 拉鍊

開始製作 1：準備皮革

01 依隨書附贈版型，畫出兩片一樣大小的皮革。

03 兩片一樣大小的皮革裁好了。

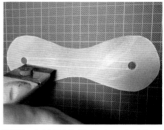

06 直線用直的裁皮刀切割。

小叮嚀

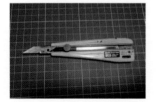

美術社買的小美工刀換上斜角30度的刀片是切圓的好工具喔！

04 依照版型，在其中一片皮革上畫出拉鍊孔，並準備切割。取 10 mm 圓斬在橢圓線兩端各打一個圓。

07 一片不切拉鍊孔、一片要切拉鍊孔的皮革準備好了。

02 拿美工刀的方法要跟握筆一樣，順著線慢慢割下。

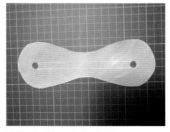

05 打好兩個圓的樣子。

08 取砂紙棒將所有的邊緣磨平整。

開始製作 1：準備皮革

09　拉鍊孔要磨。

10　皮革外邊也要磨。

11　再拿木頭磨邊棒沾 CMC，把剛才用砂紙棒磨過的邊緣磨得更圓潤。

開始製作 2：縫拉鍊

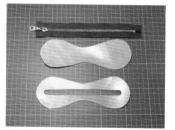

01　取一條 20 cm 的拉鍊，準備縫在洞口。

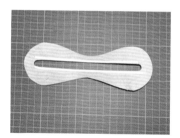

03　雙面膠貼在背面的拉鍊孔旁邊。

05　畫線器調整到 3 mm 寬，沿著拉鍊孔畫線。

02　縫拉鍊前先用 3 mm 雙面膠固定。

04　拉鍊用雙面膠固定好後的樣子。

06　前後兩頭橢圓的地方要拿 2 嶄菱形嶄打洞才會是圓的。

開始製作 2：縫拉鍊

07　圓的打到直線的地方就好。

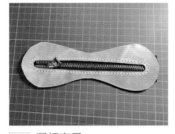

10　洞打完了。

13　正針從旁邊下第二針。

08　兩頭都打好洞的樣子。

11　量線的長度，以打洞的地方繞一圈為一倍，總共要四倍長。將兩根針分別固定在線的兩端。

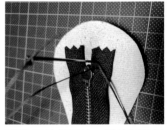

14　反針從下第二針的洞穿回正面。正、反針重複此交叉縫法至收針。

09　直線的地方用 4 嶄菱形嶄打洞。

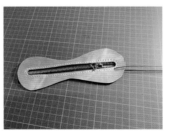

12　下第一針，並將線拉到一樣長。依據針穿出的位置（皮革的正、背面），以下簡稱「正針」、「反針」。

 小叮嚀

交叉縫法小口訣：

「正面（皮革）下針，背面（皮革）換針（從同一個洞上來），在縫製的過程中，縫線洞都會被戳過兩次。」希望幫助大家好記、好上手喔！

開始製作 3：拉鍊收線

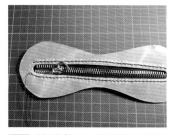

01 縫到剩下 3 個洞時，正針 S 形一次縫完 3 針。

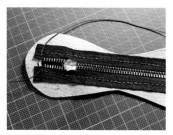

04 縫完 3 個洞後，背面的樣子。此時兩根針應該都會從背面穿出。

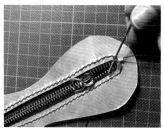

07 把針穿過線圈並拉緊。

02 由正面往下開始縫。

05 反針從隔壁洞穿回正面（成為正針）。

08 拉緊。

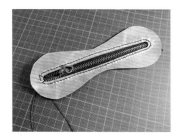

03 縫下去後留一個線圈。

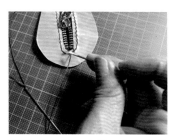

06 反針穿上來後，先在縫線洞裡加上白膠。

09 拉緊後接著往下縫，一樣要留一個線圈。

開始製作 3：拉鍊收線

10 皮革正面留下線圈的樣子。

13 拉緊線。

16 背面的線頭也要加上白膠，並戳進去皮革裡面。

11 將反針（第一次縫完 3 個洞的那根針）由同一個縫線洞穿到正面。

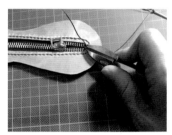

14 把線剪到底。

12 在縫線洞裡沾白膠，然後針穿過線圈。

15 再沾白膠，把線頭戳進去皮革裡面。

開始製作 4：包體縫製

01 拿無痕塑膠夾將版型固定在皮革上，再拿尖形木棒在版型上面用力戳洞做記號。

02 沿著記號，取 2 mm 圓嶄打洞。

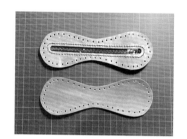

03 兩片皮革都要打好洞。

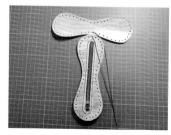

04 將拉鍊中心頂端對準另外一片皮革的腰部中心，使縫線洞對齊並開始縫。將線（兩端都穿針固定）穿過兩個相鄰的洞，並拉成等長。

05 先把線交叉。

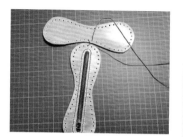

06 交叉後從皮革背面各穿上來正面。

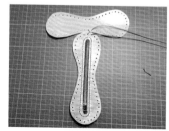

07 從正面看線呈現 V 形。

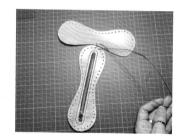

08 再將線交叉，以一樣的縫法全部縫完。

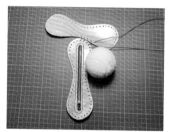

09 呈現 V 形幾針後，可以拿網球大小的圓型物品墊在皮革裡面縫。

開始製作 4：包體縫製

10 網球可以握在手上，用皮革包裹起來縫。

13 把拉鍊拉開，線都拉到裡面打兩個死結。

14 把線剪到最底就完成了。

11 V形縫法全部縫完的樣子。

15 完成。

12 全部縫完後，把針都戳到背面。

擬真的棒球零錢包。

只要配色配得像就會跟棒球一樣。

03

懷錶

3 手錶大改造

手錶就像配件一樣，隨心情變化配戴。
如果把手錶變成懷錶，還能當作吊飾掛在隨身小包上。

選自己喜歡的錶身把錶帶拆卸下來，再配上喜歡的皮革顏色，就可以賦予手錶新生命喔！

隨時可以拆卸下來掛在喜歡的地方。

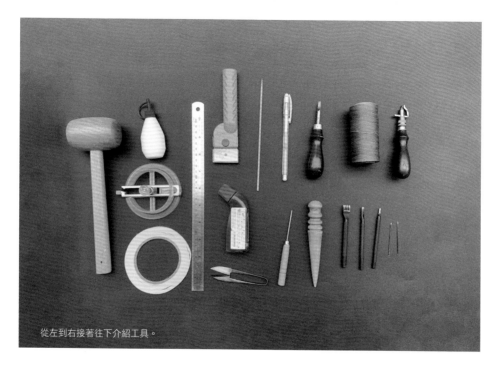

從左到右接著往下介紹工具。

所需工具

❶ 木槌
❷ 白膠
❸ 圓形切割器
❹ 雙面膠
❺ 鐵尺
❻ 裁皮刀
❼ 邊緣油
❽ 線剪（或剪刀）
❾ 木籤棒
❿ 牛奶筆
⓫ 尖形木棒（章魚燒棒）
⓬ 導角器
⓭ 磨邊棒
⓮ 1 mm 扁蠟線

⓯ 4 嶄菱形嶄
⓰ 2 嶄菱形嶄
⓱ 1 嶄菱形嶄
⓲ 畫線器
⓳ 兩根手縫針（只要線穿得過去的大頭縫針即可）

所需五金

❶ 錶身
❷ 龍蝦扣 2 個
❸ D 環 1 個

開始製作 1：準備皮革

01　首先量錶的直徑，例如這只錶的直徑是 4.5 cm。

04　裁兩片一樣大小的圓形。

06　量出錶帶的寬度，例如這只錶的錶帶是 2 cm。

02　將圓形切割器調到 6.5 cm（錶的直徑再加 2 cm）。

05　取其中一片圓形皮革，使用畫線器（調到 3 mm）在圓的周圍畫一圈「打洞處」。

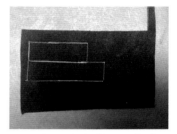

07　裁兩片皮革：一條寬 2 cm、長 5 cm，另一條寬 2 cm、長 7 cm（為之後做上、下錶帶備用）。

03　用手壓住圓形切割器上方的轉軸，另一隻手輔助轉動圓形切割器的周圍，慢慢將皮革裁切下來。

 小叮嚀

畫線器的寬距原本該是 4 mm，但是因為東西小，不想讓縫線與皮革邊緣的距離太寬，所以建議調整成 3 mm。如果怕 3 mm 太窄、不好打洞的話，還是可以調成 4 mm。

08　在靠近畫好的「打洞處」中間畫出直線 2 cm（錶帶的寬度），畫的地方要低於打洞處 0.2 cm，上下都要畫。

開始製作 1：準備皮革

小叮嚀

準備一字嶄（也可以用美工刀代替，只要能割出所需長度就可以），要做記號用。

11 打好洞的（以下稱正面皮革）跟還沒打好洞的（以下稱反面皮革）圓形皮革背對背重疊。

14 取 2 嶄菱型嶄沿著圓弧線打洞，記得留下一個缺口是剛剛做好錶帶空間的記號區。

09 取 2 cm 的一字嶄，在剛才做 2 cm 記號的地方打出一字孔（上下都要打）。

12 拿尖形木棒，從錶帶一字孔兩旁的洞戳下去，使反面皮革在相對應處能各被戳出一個洞做記號。

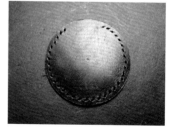

15 反面皮革打好洞的樣子。兩片圓形皮革都準備好後，先放旁邊備用。

10 取 2 嶄菱形嶄，從錶帶一字孔旁邊開始，沿著圓弧線處打洞。

13 取做好記號的反面皮革，從記號的地方開始，一樣拿畫線器標出一圈「打洞處」。

開始製作 2：下錶帶

01 取剛才寬 2 cm、長 5 cm 的皮革穿進去錶帶環，並貼上雙面膠對黏起來。

03 穿進去後皮革一定會多出一些，最後再裁掉就好。

05 如此一來，在剛穿進一字孔內的皮革上，也能精準地打出位置相同的洞。

02 穿進正面圓形皮革已打好的一字孔內。

04 取 2 齣菱形齣，對準圓形皮革上的洞再打一次。

開始製作 3：D 環與上錶帶

01 取另一條寬 2 cm、長 7 cm 的皮革製作上錶帶。可以在一頭畫上橢圓的邊，較為美觀。

02 用裁皮刀切掉稜角就可以呈橢圓形了。

03 橢圓皮革搭配內徑 2 cm 的 D 環。

開始製作 3：D 環與上錶帶

04 皮革穿進去 D 環後，平的一邊用雙面膠貼好。

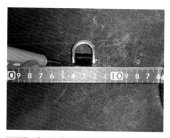

07 拿尺畫出直線，直線須落在雙面膠和 D 環之間（三層皮革重疊處）。

10 再穿進去錶帶環內。

05 將 7 cm 皮革分成 3 等份，平邊反摺並黏在 2/3 的地方。

08 取 4 嶄菱形嶄打在剛才做直線記號的地方。

11 再穿回一字孔內。

06 平邊再貼上雙面膠，橢圓端往上黏（對齊 D 環平底）。

09 將橢圓端拆開，將橢圓端由背面往前，先穿進去正面圓形皮革的一字孔裡。

12 接下來將打好的洞縫起來。（縫法請參考「基礎工法篇」）

開始製作 3：D 環與上錶帶

13 最後一針穿進去兩片皮革
的中間，然後收線。

14 打結打在皮革裡面，上錶
帶的位置就固定住了。

開始製作 4：錶身

01 將正、反兩片圓型皮革背
對背重疊。

03 正針往外繞過皮革邊緣，
由反面圓形皮革的同一個
縫線洞穿回正面。

05 正針從隔壁洞下第二針。

02 取兩根針固定在線的兩端，
然後從右上的縫線洞開始
下第一針，並將線拉成等
長。依據針穿出的位置
（正、反面圓形皮革），以
下簡稱「正針」、「反針」。

04 正針穿回正面的樣子，皮
革邊緣被一圈線固定住。

06 反針從下第二針的洞穿回
正面。正、反針重覆此交
叉縫法至收針。

開始製作 4：錶身

07　剩一個縫線洞，準備收針。

10　此時兩線都會從皮革中間出來。

13　縫好了，拿砂紙棒磨平邊緣。

08　最後一次的交叉縫法，反針照常往上穿出正面皮革，正針往下後則須由兩片皮革中間穿出。

11　兩條線打結在皮革中間，剪掉多餘的線就收線完成。

14　取導角器將皮革邊緣尖銳的部分導出圓角。

09　穿出正面的反針再次往下，繞過皮革邊緣，由兩片皮革中間穿出。

12　縫好後，將下錶帶（2 cm × 5 cm）多餘的皮革用裁皮刀切掉。

15　慢慢地推就會推出皮革尖銳的部分。

開始製作 4：錶身

16　反面也要導角。

小叮嚀

大推日本「craft」的速乾邊緣油，能增加質感。

19　多上兩次，質感會更好。

17　導好角後，用砂紙棒再將皮革磨勻稱。

18　取木籤棒沾上邊緣油，塗在皮革邊緣。

開始製作 5：錶鏈

01　準備長條皮革（寬 1.5 cm× 長 32 cm）跟 2 個龍蝦扣。

02　將龍蝦扣套住皮革的一端（反折 2.5 cm）並打洞。

03　打好洞了。

開始製作 5：錶鏈

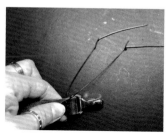

04 用剛才繞縫的方法，正針往下繞過皮革邊緣，由同一個縫線洞穿回正面。

07 縫完後，準備以同樣的繞縫方式收線。

10 打結打在皮革中間，並將多餘的線剪掉。長條皮革的另一端作法相同。

05 穿回反面後兩條線拉緊。

08 收線時，正針往下繞過皮革邊緣，穿過洞後由兩片皮革中間穿出。反針縫法相同。

11 兩端都做好後，就可以扣住 D 環當懷錶。

06 拉緊後往下縫（正針下、反針上的交叉縫法）。

09 兩條線都在皮革中間了。

12 為錶加點巧思，又有一番新風貌。

04

圓形口金

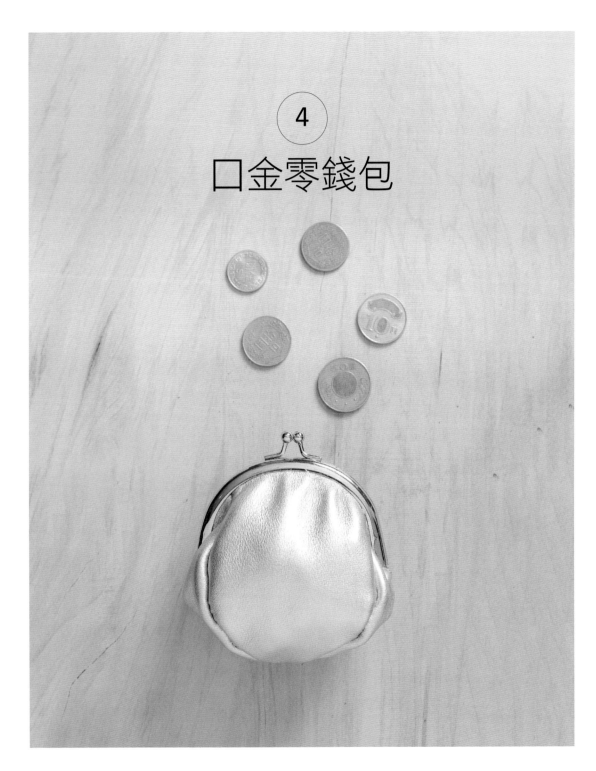

4

口金零錢包

一講到口金包就會想到布做的大嘴巴零錢包，

但其實口金也可以用在皮革上！

口金包的優勢就是看起來小小的，

但是打開容量卻很大，運用口金的優點，好開、好拿。

選用 10.5 cm 的口金，包身大小
剛好，可以一手掌握。

可以放入不少零錢，是個可愛又實用
的小物。

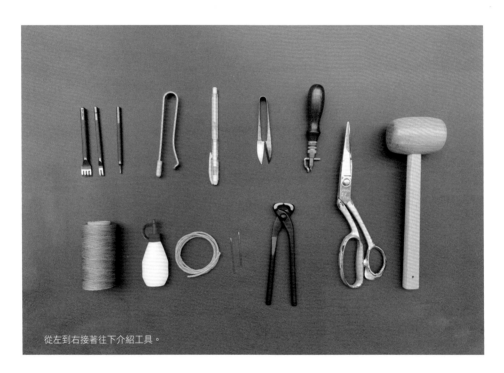

從左到右接著往下介紹工具。

❶ 4 齒菱形斬
❷ 2 齒菱形斬
❸ 1 齒菱形斬
❹ 口金塞夾
❺ 牛奶筆
❻ 線剪（或剪刀）
❼ 畫線器
❽ 皮革立體剪刀（剪布
　 的利剪也可以）
❾ 木槌
❿ 1 mm 扁蠟線
⓫ 白膠
⓬ 紙藤
⓭ 兩根手縫針（只要線
　 穿得過去的大頭縫針
　 即可）
⓮ 圓口夾

❶ 10.5 cm 圓形口金

開始製作 1：準備皮革

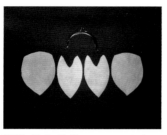

01 首先準備 10.5 cm 口金，並依隨書附贈版型裁好 4 片皮革，2 片做包體側邊（V 形）、2 片做包身（盾形）。

03 圓弧形的地方用 2 嶄菱形嶄打洞，才會是漂亮的圓弧型。

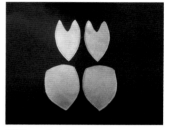

05 4 片皮革都打好洞了。

02 取 2 片 V 形皮革畫線、打洞（缺口處除外）。

04 取 2 片盾形皮革，僅為 V 形兩邊畫線、打洞。

開始製作 2：皮包本體縫製

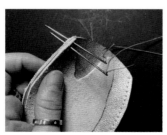

01 取 V 形及盾形皮革各一片，正面貼正面（內縫法），縫合一邊。此時 V 形皮革在上，兩根針分別從第一洞（正）與第二洞（反）下針。

小叮嚀

內縫：
兩片皮革正面貼正面對縫（皮革必須是軟的），翻過來後才是正面，縫線藏在成品內側。

外縫：
兩片皮革背面貼背面縫合（建議使用有硬度的皮革），成品外觀較硬挺，縫線外露。

02 把兩線拉一樣長。

開始製作 2：皮包本體縫製

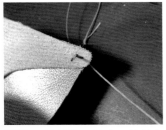

03 正針從第二洞（反針所在的同一個洞）穿出。此時，正、反針應分別位於V形、盾形皮革外側。

06 縫完最後一針時的樣子。準備收針。

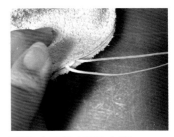

09 在兩線中間沾白膠。

04 正針再由V形皮革上的第三洞下針。

07 正、反針都縫到底後，各往回縫一個洞，並從皮革中間穿出。

10 兩線交叉，往兩層皮革中間打死結，剪掉多餘的線即可。

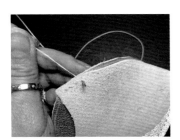

05 換取反針穿入第三洞。兩針重複此雙針交叉縫法至收針。

08 此時，兩線都從兩層皮革中間拉出來了。

11 取另一片V形皮革，正面貼正面，縫合另一邊。

開始製作 2：皮包本體縫製

12 一片盾形皮革縫上兩片 V 形的樣子。

13 取另一片盾形皮革，沿著 V 形皮革剩下的兩邊縫合。

14 皮包本體縫製完成。

開始製作 3：安裝五金

01 特別注意，不是縫完就直接裝口金了！

03 口金凹槽內整圈都要填滿白膠。

05 可以使用口金塞夾。

02 皮革要先翻到正面。

04 將皮革跟紙藤一起塞進口金凹槽內。

小叮嚀

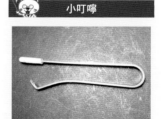

善用口金專用的塞夾，可以將紙藤緊緊塞進口金的凹槽內。

開始製作 3：安裝五金

06 用塞夾將沒藏好的紙藤推入口金凹槽內。

07 最後用圓口夾夾緊口金的尾端，以免紙藤外漏。

08 完成了。

可以裝入滿滿的零錢。

05

方形口金

5-1
口金護照套

口金不只可以拿來製作包包，也可以做成筆記本的書套，

只要選對口金的大小就可以自由變化。

平時能放隨身筆記、一支筆，或當成護照套，出國方便使用。

用這種 18 cm 寬開口的口金做成護照套（書套），非常方便收納，有別於一般口金的胖胖可愛外型，它收納起來就是平扁形狀，很好放入包裡。

左側可以插卡，右側可以放護照或者是小筆記本，而中間可以再放一支筆。

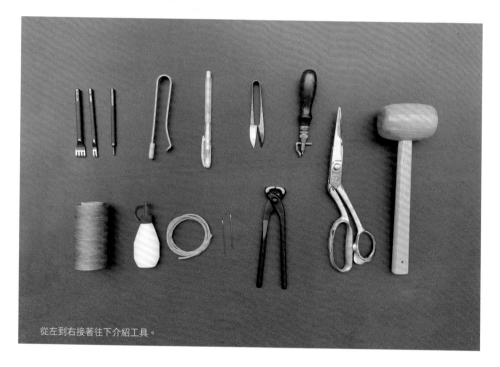

從左到右接著往下介紹工具。

所需工具

❶ 4 嶄菱形嶄
❷ 2 嶄菱形嶄
❸ 1 嶄菱形嶄
❹ 口金塞夾
❺ 牛奶筆
❻ 線剪（或剪刀）
❼ 畫線器
❽ 皮革立體剪刀（剪布的利剪也可以）
❾ 木槌
❿ 1 mm 扁蠟線
⓫ 白膠
⓬ 紙藤
⓭ 兩根手縫針（只要線穿得過去的大頭縫針即可）
⓮ 圓口夾

所需五金

❶ 18 cm 方形口金

開始製作 1：準備皮革

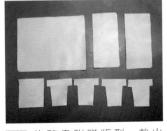

01 依隨書附贈版型，裁出8片羊皮（建議厚度1.4mm），含1片底層皮革、2片長條皮革、4片梯型卡夾、1片底層卡夾。

04 卡夾有4個，要一路做好記號到最上面一層。

07 取4斬菱形斬沿線打洞。

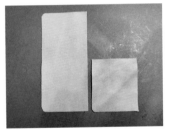

02 首先開始做信用卡的部分，先將底層卡夾放在長條皮革上做定位記號。

05 4個卡夾都做好記號了。

08 打好洞後準備縫起來，這樣卡才不會掉下去。

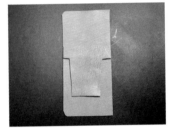

03 接下來，拿梯型卡夾，放在剛才底層卡夾的上面做記號。

06 取一片梯型卡夾，放在剛才做好最上面的記號處，沿卡夾底部畫線。

開始製作 2：皮包本體縫製

01 兩根針分別從第一洞（正）與第二洞（反）下針。

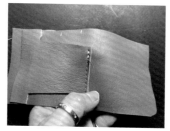

04 反針從第三洞穿出，重複此雙針交叉縫法至收針。

07 反針由皮革背面往上穿出。

02 正針從第二洞（反針所在的同一個洞）穿出。

05 縫到剩下 3 個洞，準備收針。

08 在線圈與線中間沾上白膠。

03 正針再從第三洞下針。

06 正針 S 形縫完 3 個洞，並留下一個線圈。

09 反針穿入線圈，並把線拉緊。

開始製作 2：皮包本體縫製

10 拉緊後反針往下一個洞下針，一樣留一個線圈。

13 正針穿過反針留下的線圈。

16 第一層卡夾做好的樣子。

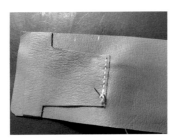

11 正針由皮革背面往上穿出。

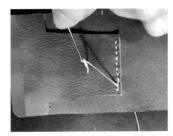

14 把線拉緊。

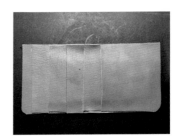

17 依序把 4 片梯型卡夾都縫起來後，放上底層卡夾，沿右側打洞縫起來（另外三邊用口金固定，所以不用縫）。

12 在線圈與線中間沾上白膠。

15 將多餘的線剪掉就收線完成了。

18 縫好了右側部分。

開始製作 2：皮包本體縫製

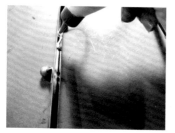

19　取雙面膠，把兩片長條皮革暫時貼在底層皮革裡層。

20　貼好了（左側是剛才縫好卡夾的部分）。

開始製作 3：安裝五金

01　在 18 cm 方形口金的凹槽處填滿白膠。

03　先用手慢慢塞。

05　使用塞夾時，白色塑膠部分抵住外側，L 型部分將紙藤擠入凹槽內。

02　將皮革塞進口金凹槽內。

04　再拿口金塞夾，把紙藤塞進口金凹槽內。

小叮嚀

向大家推薦「圓口夾」，是用來夾緊口金尾端的好工具，比起一般平口夾，圓口夾比較不容易將口金外緣夾扁，也能保留口金外圍圓圓的形狀。

開始製作 3：安裝五金

06　把口金尾端夾緊。

07　完成。

從側面看不會太厚，放在包裡不占空間。

在機場的時候，一包在手就不用擔心掉護照了。

5-2

口金化妝包

跟護照套一樣大小的口金，還可以做出令人愛不釋手的隨身化妝包喔！

讓想要隨時變美的女生們，立刻找到需要的補妝利器！

用 18 cm 口金作成盒子型的化妝包,可以穩穩地放在桌面上。

超大開口的容量,可以放下很多不同大小的化妝品,打開後一目了然,超方便。

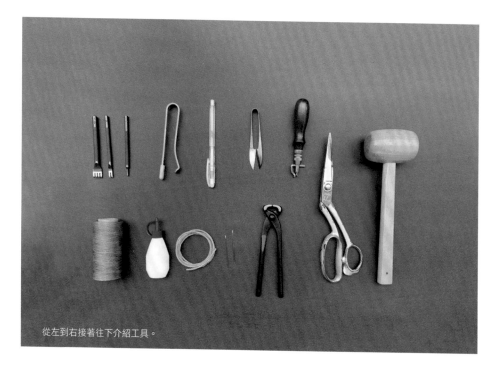

從左到右接著往下介紹工具。

所需工具

❶ 4 嶄菱形嶄
❷ 2 嶄菱形嶄
❸ 1 嶄菱形嶄
❹ 口金塞夾
❺ 牛奶筆
❻ 線剪(或剪刀)
❼ 畫線器
❽ 皮革立體剪刀(剪布的利剪也可以)
❾ 木槌
❿ 1 mm 扁蠟線
⓫ 白膠
⓬ 紙藤
⓭ 兩根手縫針(只要線穿得過去的大頭縫針即可)
⓮ 圓口夾

所需五金

❶ 18 cm 方形口金

開始製作 1：準備皮革

01 隨本書附贈版型，裁出一樣大小的羊皮。

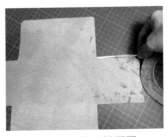

03 在記號旁邊貼雙面膠。

05 貼好後，將 4 邊打洞，準備用反縫的方式縫起來（記得僅需縫到記號處為止）。

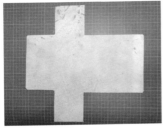

02 如圖，翻到皮革的背面，在兩邊短長方形的頂端離邊緣 1 mm 處做記號，代表縫製時僅縫到記號處為止，不要縫滿。

04 撕下雙面膠後，就能貼出一個盒子的形狀。

開始製作 2：皮包本體縫製

01 兩根針分別從第一洞（正）與第二洞（反）下針。

02 兩線拉一樣長。

03 正針從第二洞（反針所在的同一個洞）穿出。

開始製作 2：皮包本體縫製

| 04 | 正針再從第三洞下針。

| 07 | 正針 S 形縫完 3 個洞，並留下一個線圈。

| 10 | 反針穿入線圈。

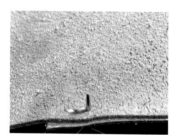

| 05 | 反針從第三洞穿出，重複此雙針交叉縫法至收針。

| 08 | 反針由皮革背面往上穿出。

| 11 | 把線拉緊。

| 06 | 縫到剩下 3 個洞，準備收針。

| 09 | 在線圈與線中間沾上白膠。

| 12 | 反針往下一個洞下針，一樣留一個線圈。正針由皮革背面往上穿出。

開始製作 2：皮包本體縫製

13 在線圈與線中間沾上白膠。

15 把線拉緊。

17 用相同縫法縫完盒子 4 邊。縫好後翻過來的樣子。

14 正針穿過反針留下的線圈。

16 把多餘的線剪掉就收線完成了。

開始製作 3：安裝五金

01 取白膠填滿口金內凹槽。

02 白膠先填滿一邊的凹槽即可。

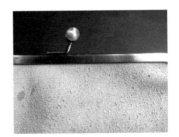

03 先將盒蓋那面的皮革塞進口金凹槽內。

開始製作 3：安裝五金

04 紙藤也要塞進口金凹槽內。

07 換塞盒子開口那面，一樣用白膠擠滿口金凹槽。

10 用圓口夾將口金尾端夾緊，固定皮革跟紙藤。

05 再用口金塞夾將紙藤用力塞進去。

08 一樣將紙藤塞進口金凹槽內。

11 夾好後，用布將跑出來的白膠擦掉就完成了。

06 盒蓋那面塞好了。

09 兩面都塞好了。

12 可以裝滿滿的工具，也能當實用的化妝包。

06

拉鍊

6-1
百搭手拿萬用包

女生的包包很多，大大小小都有。

其實，透過簡單的拉鍊五金與鎖扣，就能組合成一個實用手拿包。

如果只是要出門去超市的話，這種手拿包最適合不過了。

用旋轉扣當作前蓋的鎖，增加了美觀度跟手作的精品感。

多了一個掛繩，方便掛在手腕上。

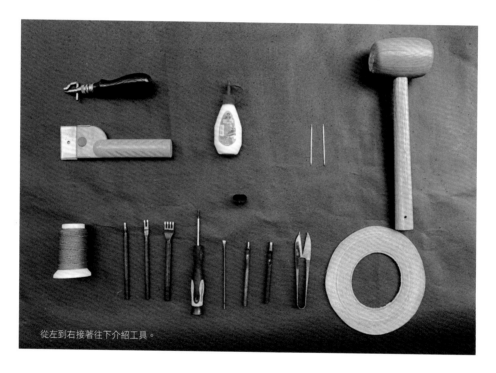

從左到右接著往下介紹工具。

❶ 畫線器
❷ 裁皮刀
❸ 白膠
❹ 兩根手縫針（只要線穿得過去的大頭縫針即可）
❺ 木槌
❻ 1 mm 扁蠟線
❼ 1 齒菱形斬
❽ 2 齒菱形斬
❾ 4 齒菱形斬
❿ 螺絲起子
⓫ 一字斬
⓬ 10 mm × 15 mm 橢圓形斬
⓭ 1 mm 圓斬
⓮ 2 mm 圓斬
⓯ 線剪（或剪刀）
⓰ 雙面膠

所需五金

❶ 15 cm 拉鍊
❷ 內徑 2 cm 的龍蝦扣
❸ 內徑 2 cm 的 D 環
❹ 旋轉扣一組

開始製作 1：安裝旋轉扣

01 依隨書附贈版型，準備好所需皮革：1 片包體、1 片前袋、1 片前蓋、2 片拉鍊檔片、1 條掛繩（掛繩長度可依個人喜好決定，但須再多 5 cm 做皮環）。

04 取 2 mm 圓嶄，在橢圓洞的左右兩側各打一個洞。

07 取螺絲，將鎖片鎖好。

02 旋轉扣以兩個零件為一組：扣環、旋轉鎖。

05 左右各打好 2 mm 圓洞。

小叮嚀

一字嶄是打直線洞最好用的工具。

03 將前蓋版型套在皮革上面，取 10 mm × 15 mm 橢圓形嶄打出旋轉扣的洞。

06 剛好可以塞得下旋轉扣的扣環大小。

08 接著將前袋版型套在皮革上面，在鎖的地方打兩條 5 mm 的直線洞。

開始製作 1：安裝旋轉扣

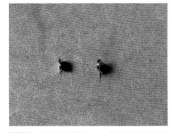

09 將旋轉鎖插入打好的直線洞裡。

10 將鎖插條向內折並壓緊。

11 旋轉扣安裝好了，翻回正面的樣子。

開始製作 2：縫前袋

01 依隨書附贈版型所示，將前蓋貼在包身上，並用畫線器畫線作記號。

03 正針從第二洞（反針所在的同一個洞）穿出。此時，正、反針應分別位於前蓋、包身外側。

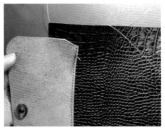

05 換取反針穿入第三洞。重複此雙針交叉縫法，直到剩下 3 個洞時，準備收針。

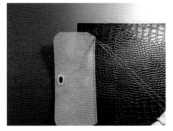

02 取 4 嶄菱形嶄，沿線打洞。縫起來時，使前蓋在上並靠近自己，兩根針分別從第一洞（正）與第二洞（反）下針。把兩線拉一樣長。

04 正針再由前蓋上的第三洞下針。

06 此時，兩針應分別由前蓋（正針）、包身（反針）外穿出。先取正針，S 形一次縫完 3 個洞。

開始製作 2：縫前袋

07 正針應由包身外穿出，別忘了要留下一個線圈。

10 反針穿入正針留下的線圈。

13 換正針穿上來。

08 換取反針，往前蓋縫。

11 穿入線圈，並把線拉緊。

14 在線圈與線之間沾上白膠。

09 用針尖沾一點白膠，塗在線圈與線的中間。

12 拉緊後，反針接著往下縫，一樣留一個線圈。

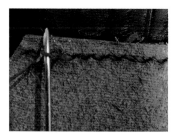

15 正針穿過反針留下的線圈。

開始製作 2：縫前袋

16 兩針往相反方向拉緊。

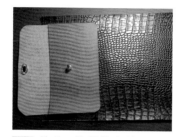

18 接著，將前袋皮革貼在縫好前蓋的包身上面。

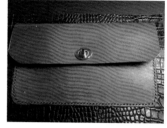

20 前袋縫好的樣子。

17 把多餘的線剪掉就收線完成了。

19 沿著袋身畫線、打洞，並用同樣的方法縫起來。

開始製作 3：縫拉鍊

01 將縫好前袋的包身皮革翻到背面，用雙面膠將拉鍊黏在另一端的底部。

02 取 2 片拉鍊擋片，貼在拉鍊的前後。

03 拉鍊前後都要貼好。

開始製作 3：縫拉鍊

04 在拉鍊下方畫線。

07 拉鍊縫好了一邊。將包身皮革對折後，另外一邊一樣作法。

10 洞打好了，縫起來吧。先縫拉鍊尾的側邊即可，拉鍊頭的側邊稍後要跟掛繩的皮環一起縫。

05 用 4 嶄菱型嶄打洞。

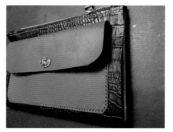

08 拉鍊兩邊都縫好後，包身側邊用雙面膠貼起來。

11 縫好的樣子。

06 連同擋片一起縫起來。

09 兩側貼起來並打洞。

開始製作 4：掛繩

手拿包的掛繩一定要和拉鍊頭做在同一端，防止掛在手上時，拉鍊會不小心被拉開。

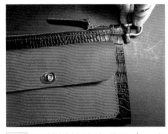

03 要縫掛繩的皮環了（一定要與拉鍊拉起來時是同一側）。

06 沿著洞把側邊縫完。

01 從掛繩直接裁下 5 cm 作為皮環。裁下來的皮環穿過 D 環。

04 將皮環塞進包身側邊後，用 4 崭菱形崭對準側邊上已打好的洞，幫皮環也打上相對應的洞。

07 將掛繩穿進 D 環內，反折一小段並縫起來固定。

02 對折後用雙面膠貼起來。

05 皮環跟著包身一起縫起來。

08 D 環掛繩縫好的樣子。

開始製作 4：掛繩

09 掛繩的另一頭則要穿過龍蝦扣，一樣反折 3 cm。

10 將反折處中間打洞，並縫起來固定。

11 最後，把龍蝦扣扣在拉鍊頭上。

12 完成。

百搭手拿萬用包的前袋可依個
人喜好配色，不論素色或撞色
都是不錯的選擇。

6-2 輕巧手拿外出包

輕便型手拿包，放個手機、鑰匙、錢包就可以跟姊妹淘出門逛街！

大容量，輕便、好拿！

用原色皮包出芽凸顯包身的美。

有效利用拉鍊尾巴來加長背帶。

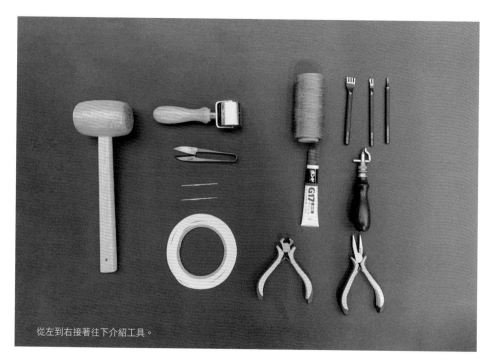
從左到右接著往下介紹工具。

所需工具

❶ 木槌
❷ 滾輪
❸ 線剪（或剪刀）
❹ 兩根手縫針（只要線
　 穿得過去的大頭縫針
　 即可）
❺ 雙面膠
❻ 1 mm 扁蠟線
❼ 皮革專用強力膠
❽ 平面夾
❾ 4 嶄菱形嶄
❿ 2 嶄菱形嶄
⓫ 1 嶄菱形嶄
⓬ 畫線器
⓭ 尖嘴鉗

所需五金

❶ 35 cm 拉鍊
❷ U 形拉鍊擋頭 2 顆
❸ 拉鍊頭（若使用市
　 售的現成拉鍊，就
　 不用特意準備這項，
　 但若是想自行組裝
　 拉鍊，則需準備拉
　 鍊擋頭與拉鍊頭。）
❹ 內徑 2 cm 的龍蝦扣
❺ 內徑 2 cm 的 D 環

開始製作 1：準備皮革及拉鍊

01 依隨書附贈版型，準備所需要的皮革：2 片 U 形、1 片側邊、2 條出芽（寬1 cm）、1 條背帶（長 55cm、寬 1 cm），以及拉鍊。

小叮嚀

這章將學習如何製作適合自己皮包長度的拉鍊，包含如何拔拉鍊牙齒、安裝 U 形擋頭及拉鍊頭。

02 拔拉鍊牙齒必備的平面夾。

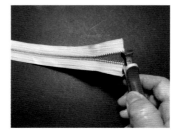

03 2 排拉鍊的首尾都要各拔掉 5 顆牙齒，拔的時候鉗子稍微往 45 度的方向拉就能將牙齒拔掉。

04 用這個方法，牙齒拔掉後拉鍊的纖維也不會毛毛的（若有毛毛的，用打火機燒一下便可）。

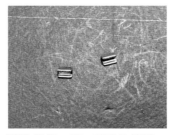

05 準備 2 顆 U 形拉鍊擋頭。

06 拉鍊牙齒的圓尖頭須朝上，拿尖嘴鉗將 U 形擋頭夾扁在拉鍊的前端。

07 U 形擋頭夾好後，拉鍊就不會拉過頭而掉出來。

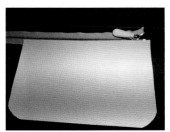

08 將拉鍊對準 U 形皮革的正面，用雙面膠貼好。

開始製作 1：準備皮革及拉鍊

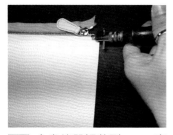

09　拿畫線器調整到 3 mm 寬度，沿著拉鍊畫線作記號。

10　取 4 嶄菱形嶄沿線打洞，準備把拉鍊縫起來。

開始製作 2：縫拉鍊

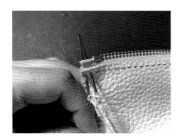

01　可以先把拉鍊拆開，一次縫一片 U 形皮革。兩根針分別從第一洞（正）與第二洞（反）下針。

03　正針再從第三洞下針。

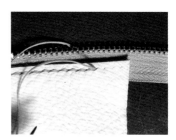

05　縫到剩下 3 個洞，準備收針。

02　正針從第二洞（反針所在的同一個洞）穿出。

04　反針從第三洞穿出，重複此雙針交叉縫法至收針。

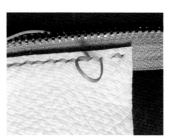

06　正針 S 形縫完 3 個洞，並留下一個線圈。

開始製作 2：縫拉鍊

07 反針由皮革背面往上穿出。

10 把線拉緊。

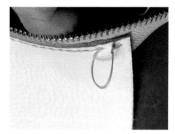

13 換正針由皮革背面往上穿出。

08 在線圈與線中間沾上白膠。

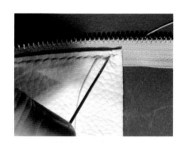

11 反針往下一個洞下針。

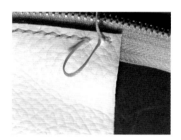

14 在線圈與線中間沾上白膠。

09 反針穿入線圈。

12 一樣留一個線圈。

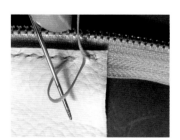

15 正針穿過反針留下的線圈，並把線拉緊。

開始製作 2：縫拉鍊

16 把多餘的線剪掉就收線完成了。

17 兩片 U 形皮革的拉鍊縫法相同。

開始製作 3：拉鍊尾巴

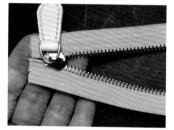

01 兩排拉鍊都縫好後，套入拉鍊頭，並拉上拉鍊。

02 2 片 U 形皮革的拉鍊都縫好並拉上。

04 裝上 D 環。

小叮嚀

裝拉鍊頭的時候要注意，牙齒的圓尖頭須面朝下，而拉鍊頭只要往下套住再拉就可以了！

03 依隨書附贈版型，準備 1 片蝶形皮革，用畫線器（3 mm 寬度）沿周圍畫線，再用菱型斬打洞。

05 連同 D 環，用蝶形皮革夾住拉鍊尾巴。

開始製作 3：拉鍊尾巴

06 夾著拉鍊，用外縫的方式縫起來後，拉鍊尾巴就完成了。

開始製作 4：側邊皮革

01 側邊皮革的頭、尾端，分別為一長一短：圖中左邊長的那端要裝 D 環（拉鍊頭）；右邊短的那端則要往內折做收邊（拉鍊尾巴）。

02 從拉鍊尾巴這端開始，將側邊皮革往內折。

03 畫線、打洞、縫起來後，就有一個漂亮的收邊了。

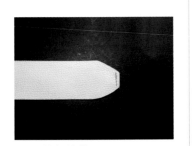

04 縫好的樣子。

05 將畫線器調整到 3 mm 寬度，沿著側邊皮革的周圍畫線、打洞，準備稍後跟 U 形皮革縫合。

06 再來換處理拉鍊頭這端，縫合之前先裝上 D 環。

開始製作 4：側邊皮革

07 在 D 環下方打洞並縫起
來，將 D 環固定住。

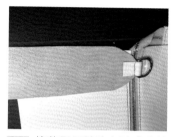

09 接著用反縫的方法（皮革
正面貼正面），縫合側邊
皮革和 U 形皮革。

08 側邊皮革兩側分別縫上 D
環與收邊完成。

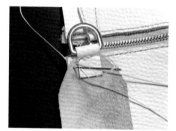

10 特別注意：先縫 5 針即可，
從第 6 針開始要接出芽皮
革。

開始製作 5：出芽皮革

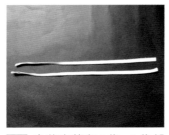

01 出芽皮革有 2 條，2 條都要由長邊對摺，並用雙面膠黏起來。

03 將畫線器調整到 3 mm 寬度，在出芽皮革的中間畫線作記號。

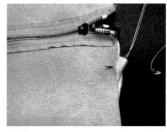

06 注意下針時，從出芽皮革上的第 2 個洞開始接著縫，外觀就看不出接縫。

02 雙面膠貼好後，用滾輪壓緊對貼的出芽皮革。

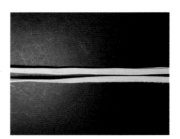

04 取 4 嶄菱型嶄，沿線打洞，2 條出芽皮革都先打好洞。

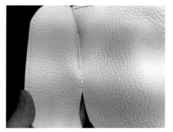

07 縫了 10 針後，正面的樣子。

小叮嚀

有重量的滾輪適合用於皮革對貼時，以雙面膠或強力膠黏起來的作法，可以將兩層皮革之間的空氣壓出來。

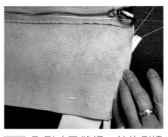

05 取剛才已縫好 5 針的側邊皮革及 U 形皮革。接續第 6 針時，將打好洞的出芽皮革（第 2 個洞開始）接上一起縫。

08 縫到側邊皮革的洞數剩下 5 個洞時，就將出芽拉出來，只要縫 U 形皮革跟側邊皮革就好。

開始製作 5：出芽皮革

09 待所有洞數都縫完後，將多餘的出芽皮革剪掉即可，另一側縫法也是一樣。

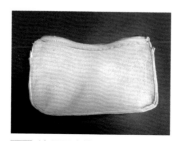

10 這是兩側都縫完出芽的樣子。

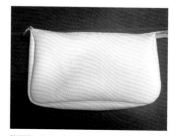

11 皮包翻回正面的樣子。

開始製作 6：背帶

01 取已經準備好的背帶皮革（長 55 cm、寬 1 cm）。

03 在反折處中間畫線、打洞。

05 背帶的另一頭則套入龍蝦扣，一樣往內反折 3 cm。

02 將背帶套入 D 環，並往內反折 3 cm。

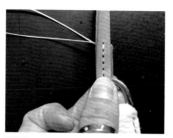

04 縫起來。

06 在反折處中間畫線、打洞。

開始製作 6：背帶

07 打洞後縫起來。

08 縫好了。

09 背帶接上包身的樣子。

10 完成。

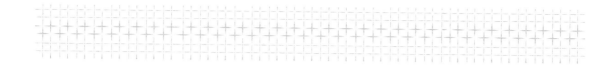

可以依個人喜好選擇不同的皮革
顏色，即使是一樣的版型，也會
因配色不同而感覺不同喔！

07

文具

7-1 文青筆袋

簡約系的小筆袋。很常在品牌文具用品店看到的文具小物，
適合出門只帶 3 至 4 支筆的朋友，輕便又好看。

斜口型設計讓筆可以由上至下、一字排開，方便收納。

細扁形的筆袋，大小能一手掌握，也不太佔空間。

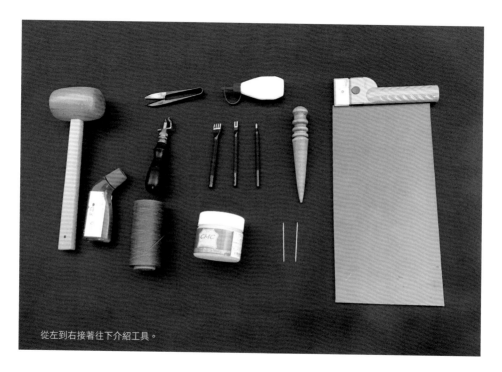

從左到右接著往下介紹工具。

所需工具

❶ 木槌
❷ 線剪（或剪刀）
❸ 白膠
❹ 畫線器
❺ 4 嶄菱形嶄
❻ 2 嶄菱形嶄
❼ 1 嶄菱形嶄
❽ 磨邊棒
❾ 邊緣油
❿ 1 mm 扁蠟線

⓫ CMC
⓬ 兩根手縫針（只要線穿得過去的大頭縫針即可）
⓭ 裁皮刀
⓮ 透明墊

開始製作 1：準備皮革

01 依隨書附贈版型，裁出需要的皮革：大片做筆袋主體，小片做皮環。

03 皮環的兩個短邊也要畫線。

02 將畫線器的間距調到 3 mm，並沿著主體的兩個長邊畫線。

04 取 4 嶄菱形嶄沿線打洞。

開始製作 2：筆袋本體縫製

01 縫線長度，以有打洞的地方為基準，量三倍半的長度。

02 從筆袋開口處開始縫，兩根針分別從第一洞（正）與第二洞（反）下針，並將線拉一樣長。

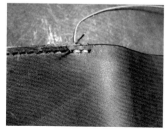

05 換反針從第三洞出來，重複此雙針交叉縫法至綁線記號處。

小技巧

先將主體對折，在要接上皮環的地方綁線做個記號，方便等下縫製的時候位置不會跑掉。記號位置可依個人常用筆的長度來決定，但是一定要預留足夠長度做筆袋的蓋子，以確保往下折能穿過皮環。

03 正針從第二洞（反針所在的同一個洞）穿上來。

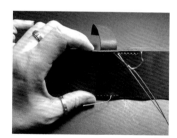

06 縫到記號處時，要把皮環接上一起縫。

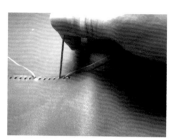

04 穿上來後，正針再從第三洞下針。

07 從側面看，皮環是夾在兩層皮革中間的。

開始製作 2：筆袋本體縫製

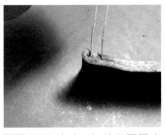

08 要收線時，把線從兩層皮革中間拉出來。

11 換另一邊開始縫，縫法相同。

14 兩邊都縫好後，用磨邊棒沾 CMC 磨合。

09 在兩線中間沾上白膠。

12 縫到做記號的地方時，記得要把皮環接上。

15 最後上邊緣油。

10 兩線交叉，往兩層皮革中間打死結，剪掉多餘的線即可。

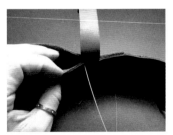

13 皮環縫在兩層皮革中間。

16 完成。

透過簡單的材料、簡單的步驟，
就可以做得跟高級書店裡販售的
筆袋一樣有質感喔！

7-2 立體筆袋

有別於上一章節，我們把平面的筆袋變立體了！

為在側邊增加厚度，以下會教大家「吃針」的方法，

此方法很常用在縫小圓弧形，或是前後皮革針數不同的時候。

側邊「吃針」的方法將在本章節中教給大家。

以綁皮繩的方式呈現。

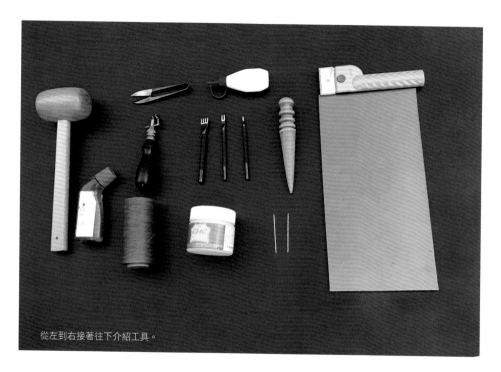

從左到右接著往下介紹工具。

開始製作 1：準備皮革

01 依隨書附贈版型，裁出需要的皮革：大片做筆袋主體，2 小片做筆袋側邊，及 1 條皮繩。

03 2 片側邊都要打洞。轉角處要用 2 嶄菱形嶄（因為 2 嶄每次只會打出 1 個洞），才能打出圓弧形。

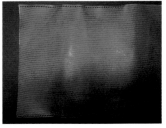

05 主體的兩側都打好洞了。

02 將畫線器的間距調到 3 mm，並沿著側邊畫線。

04 主體兩側長邊也要打洞，且要比側邊多打 2 個洞。

小叮嚀

主體的兩側打好洞後，要數洞數，確定主體的兩側洞數有比側邊的總洞數多 2 個洞。（打洞的時候，會因為力量不均勻造成洞數不一致的狀態）數好洞數後再縫就不會出錯喔！

開始製作 2：縫皮繩

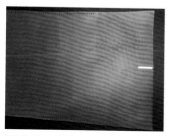

01　將主體輕輕對折後，就能找到前蓋的中間位置，並貼上 3 cm 長的雙面膠。

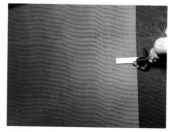

04　在皮繩兩側畫線。

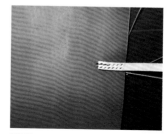

07　縫到剩下 3 個洞，準備收針。

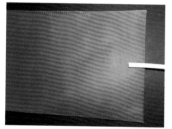

02　將皮繩貼在前蓋的中間。

05　打洞時，第一嶄要打在皮繩之外，這樣皮繩的縫線才不容易脫落。

08　收針時，先下正針。

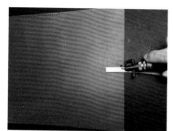

03　將畫線器的間距調整到 4 mm。

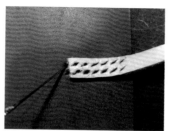

06　第一針從外面開始縫。（縫法請參考「基礎工法篇」）

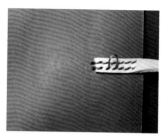

09　下第一針時要留一個線圈，再 S 形縫完 3 個洞。

開始製作 2：縫皮繩

10 將皮革翻到背面。反針從隔壁洞穿回正面（切記不可以戳到蠟線）。

13 兩針往相反方向拉緊。

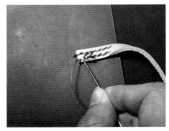

16 換取正針穿回皮革正面，再將白膠加在線圈底部與線之間。

11 在線圈底部與線之間加上白膠。

14 反針繼續由皮革正面下針。

17 正針穿入反針留下的線圈。

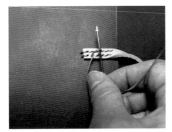

12 反針穿過正針留下的線圈。

15 一樣留一個線圈。

18 兩針往相反方向拉緊。

開始製作 2：縫皮繩

19 將線剪到最底。

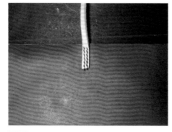

22 皮繩縫好的樣子。

20 在線頭的地方加上白膠，
將線戳到皮革裡面藏好。

21 皮革正、背面的線頭都要
藏好。另一邊縫法相同。

開始製作 3：縫側邊皮革

01　取主體及側邊皮革。用「外縫法」的方式，將皮革背面貼背面開始縫。

小叮嚀

什麼是「吃針」呢？

縫到圓弧角的時候，要多縫一針才能呈現漂亮的圓（如同軍人踢正步，轉彎的時候，要在原地多踏一步再轉，是一樣的意思），因此主體皮革一定要比側邊皮革多打 2 個洞，才能在兩個角落都多縫一針。

06　正針由側邊皮革穿出，現在兩條線在同一個洞裡。

02　一路縫到最底。

04　正針由隔壁洞下，並從反針所在的同一個洞穿出。

07　剛才縫過來的正針不要動，換取反針，由同一個洞穿回主體。

03　縫到最底，也就是來到筆袋的轉角處，接著要「吃針」才能使角落呈現圓弧形。（目前在主體、側邊外的針，以下將分別稱作正針、反針。）

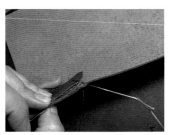

05　這個角度看得更清楚。

08　反針穿出主體皮革後，一定要將線拉緊。拉緊後往下縫，遇到下一個直角的時候還是要吃針，再繼續往下縫。

開始製作 3：縫側邊皮革

09　剩下 3 個洞，要收針了（以下再一次叮嚀收針）。

12　在線圈底部與線之間加白膠。

15　反針再從隔壁洞下針，一樣留一個線圈。

10　正針往下後的第一針先留一個線圈，再 S 形縫完 3 個洞。

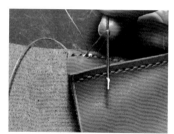

13　反針繞上來，穿過線圈。

16　正針往回一個洞（反針所在的同一個洞）穿出主體皮革。

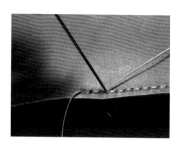

11　反針從隔壁洞穿回正面（切記不可以戳到蠟線）。

14　反針穿過線圈後拉緊。

17　在線圈與線之間加上白膠。

開始製作 3：縫側邊皮革

| 18 | 正針穿過反針留下的線圈。

| 20 | 最後把多餘的線剪掉,將線頭戳入皮革內藏好就收針完成。

| 22 | 用綁皮繩的方式增加文藝感。

| 19 | 兩針往反方向拉緊。

| 21 | 側邊縫好的樣子。4 個角落都要吃針,就會有漂亮的圓弧型。

| 23 | 完成。

職人番外篇 # 立體筆袋（內包縫法）

一樣的版型有時換個縫法，感覺會不一樣，就像變成另一個新的包款。讓職人番外篇來教大家做變化的小技巧吧！

使用「內包縫法」搭配加長版的側邊皮革，可減少物品掉落。

在皮繩上也可以做一些變化，例如加個和尚釦，還能使皮繩更加牢固。

開始製作：內包縫法

01 依隨書附贈版型，裁出所需皮革，另準備 1 個 5 mm 和尚釦（和尚釦可視個人喜好決定要不要放）。

02 所謂「內包縫法」，是指將主體皮革壓在側邊皮革上縫，縫法及其他步驟則與本章節介紹的「外縫法」相同。（轉角處一樣要吃針，才會有漂亮的圓弧形。）

03 最後打上和尚釦就完成了。

 小叮嚀

用「內包縫法」縫完後，成品不用翻面，別把它誤認為「內縫法」了喔！

全書的包款都上手了，還想學更多嗎？
更多進階包款等著你，一起來挑戰吧！

E
皮件
版型

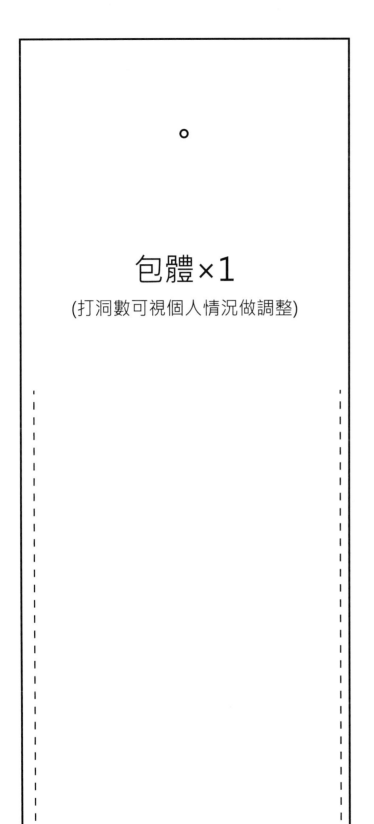

包體×1

(打洞數可視個人情況做調整)

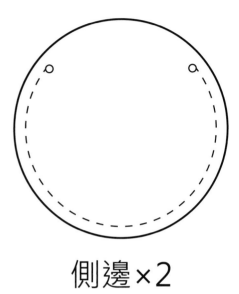

側邊×2

影印放大比例100%

1-1 錢滾錢零錢包：外縫

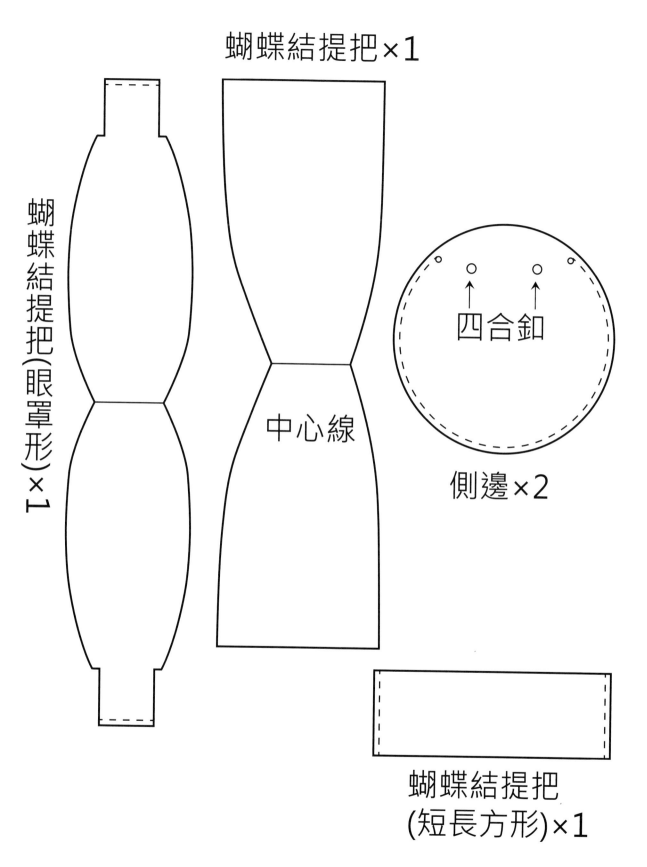

蝴蝶結提把×1

蝴蝶結提把（眼罩形）×1

中心線

四合釦

側邊×2

蝴蝶結提把
(短長方形)×1

影印放大比例200%

1-2 錢滾錢手拿包：內縫

| |

插釦參考定位點

包體×1

1-2 錢滾錢手拿包：內縫

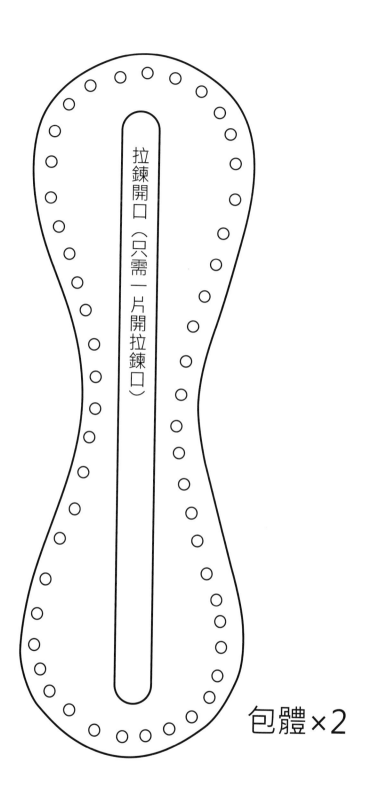

拉鍊開口（只需一片開拉鍊口）

包體×2

影印放大比例100%　　2 棒球零錢包

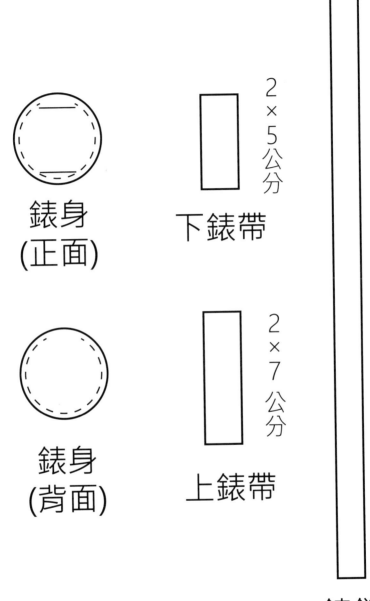

錶身
(正面)

錶身
(背面)

下錶帶

2 × 5 公分

上錶帶

2 × 7 公分

錶鏈

3 手錶大改造

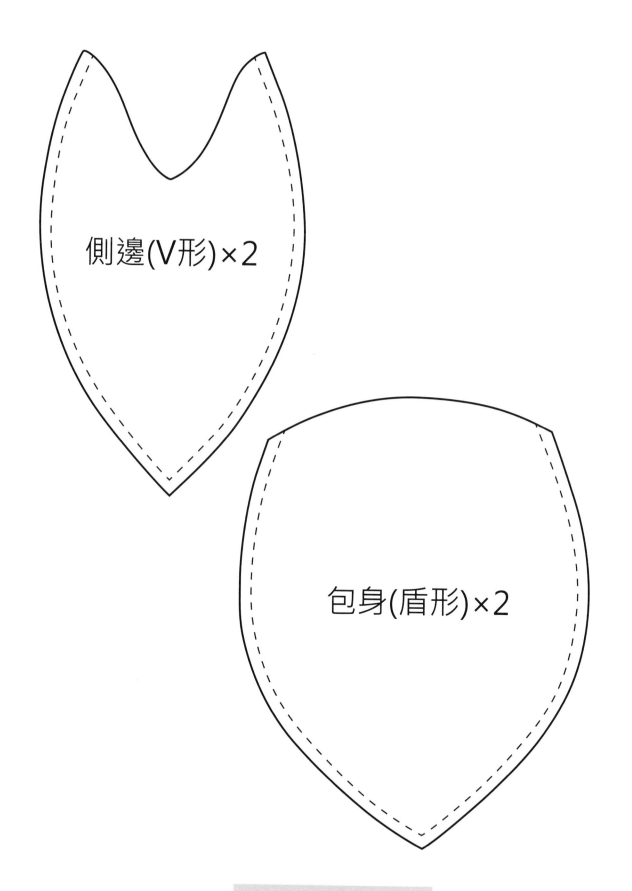

側邊(V形)×2

包身(盾形)×2

影印放大比例100%　　4 口金零錢包

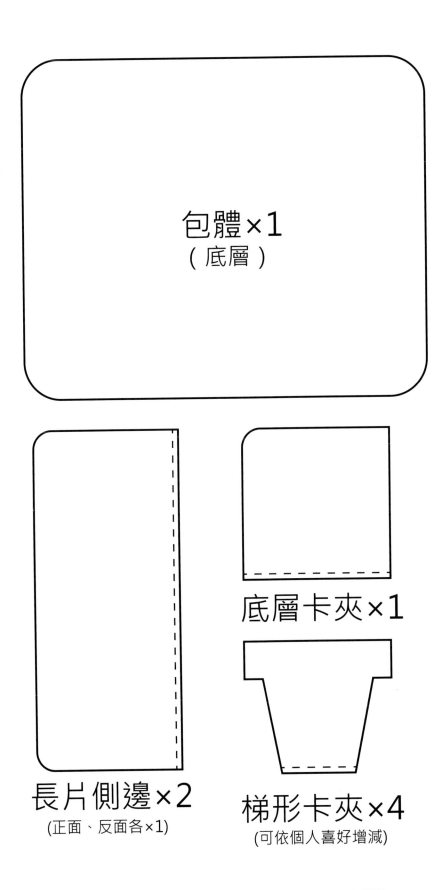

包體×1
（底層）

長片側邊×2
(正面、反面各×1)

底層卡夾×1

梯形卡夾×4
(可依個人喜好增減)

影印放大比例200%　5-1口金護照套

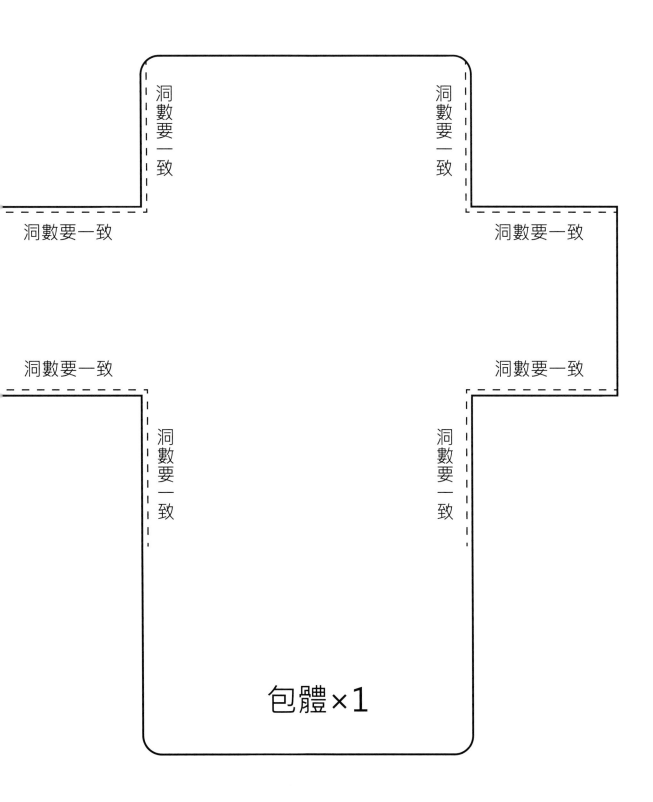

洞數要一致

洞數要一致

洞數要一致

洞數要一致

洞數要一致

洞數要一致

洞數要一致

洞數要一致

包體×1

影印放大比例200%　　5-2 口金化妝包

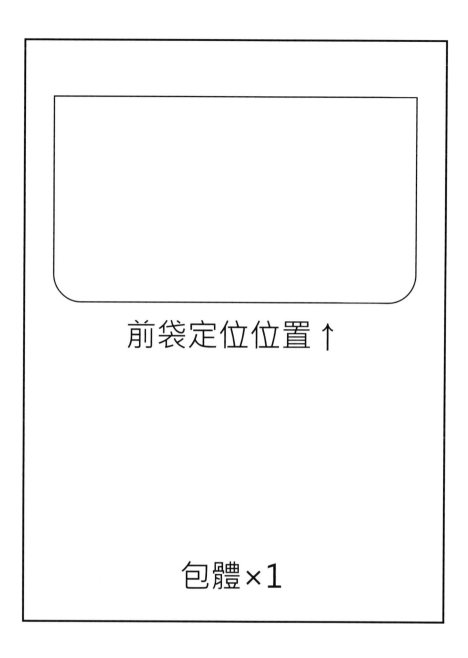

前袋定位位置↑

包體×1

拉鍊擋片×2

6-1 百搭手拿萬用包

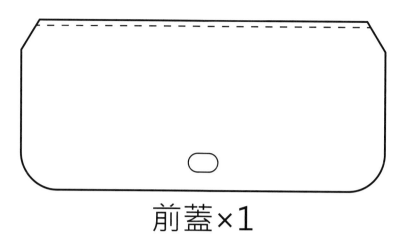

前蓋×1

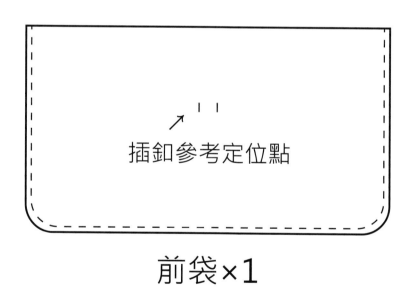

插釦參考定位點

前袋×1

影印放大比例200%　6-1 百搭手拿萬用包

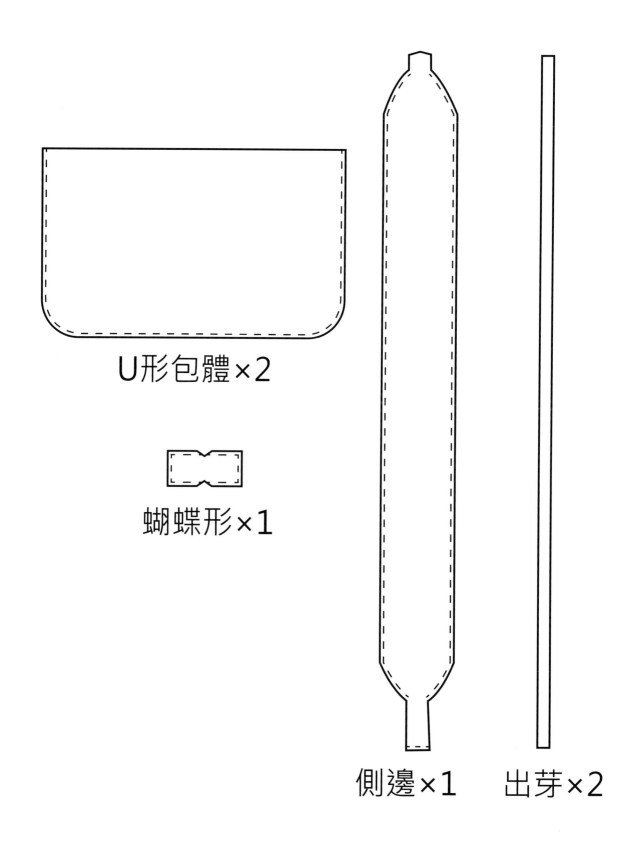

U形包體×2

蝴蝶形×1

側邊×1　　出芽×2

影印放大比例300%　6-2 輕巧手拿外出包

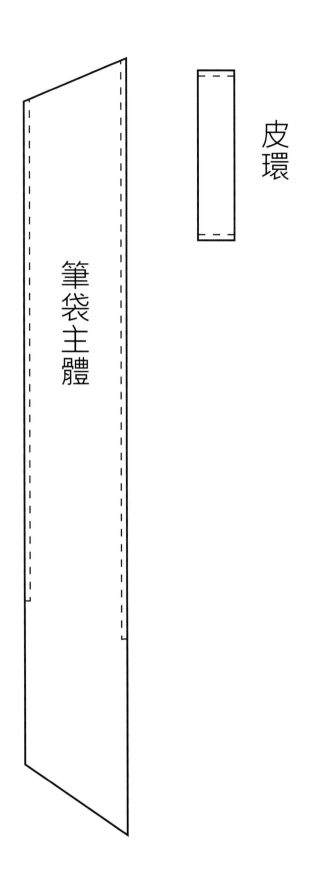

皮環

筆袋主體

影印放大比例200%　7-1 文青筆袋

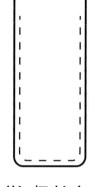

筆袋側邊×2

(打洞數可視個人情況做調整)

筆袋主體×1

影印放大比例200%　　7-2 立體筆袋

(打洞數可視個人情況做調整)

內包縫法筆袋主體×1

內包縫法筆袋
側邊×2

影印放大比例200%　　　7-2 立體筆袋(內包縫法)

國家圖書館出版品預行編目資料

第一次手作皮革就上手 / 采芊文創 著
-- 初版 -- 臺北市：瑞蘭國際, 2019.05
168 面；19×26 公分 --（FUN 生活系列；08）
ISBN：978-957-9138-08-6（平裝）
1. 皮革 2. 手工藝
426.65　　　　　　　　　　108006534

FUN 生活系列 08

第一次手作皮革就上手

作者｜采芊文創
總策劃‧指導老師｜李昭慧
總協調｜王芊予
執行製作｜劉玥伶
插畫繪製｜福田悅子
皮件版型繪製｜余珊
責任編輯｜鄧元婷、葉仲芸
校對｜采芊文創（李昭慧、劉玥伶）、鄧元婷、葉仲芸

封面設計、版型設計、內文排版｜劉麗雪
作法拍攝｜采芊文創
成品拍攝｜陳怡璋

瑞蘭國際出版

董事長｜張暖彗 ‧ 社長兼總編輯｜王愿琦

編輯部
副總編輯｜葉仲芸 ‧ 副主編｜潘治婷 ‧ 文字編輯｜林珊玉、鄧元婷
特約文字編輯｜楊嘉怡
設計部主任｜余佳憓 ‧ 美術編輯｜陳如琪

業務部
副理｜楊米琪 ‧ 組長｜林湲洵 ‧ 專員｜張毓庭

出版社｜瑞蘭國際有限公司 ‧ 地址｜台北市大安區安和路一段 104 號 7 樓之一
電話｜(02)2700-4625‧ 傳真｜(02)2700-4622‧ 訂購專線｜(02)2700-4625
劃撥帳號｜19914152 瑞蘭國際有限公司
瑞蘭國際網路書城｜www.genki-japan.com.tw

法律顧問｜海灣國際法律事務所　呂錦峯律師

總經銷｜聯合發行股份有限公司 ‧ 電話｜(02)2917-8022、2917-8042
傳真｜(02)2915-6275、2915-7212‧ 印刷｜科億印刷股份有限公司
出版日期｜2019 年 05 月初版 1 刷 ‧ 定價｜499 元 ‧ISBN｜978-957-9138-08-6